José Roberto Ribas e
Paulo Roberto da Costa Vieira

ANÁLISE MULTIVARIADA
COM O USO DE SPSS

EDITORA CIÊNCIA MODERNA

Análise Multivariada com o uso do SPSS

Copyright© Editora Ciência Moderna Ltda., 2011.
Todos os direitos para a língua portuguesa reservados pela EDITORA CIÊNCIA MODERNA LTDA.
De acordo com a Lei 9.610, de 19/2/1998, nenhuma parte deste livro poderá ser reproduzida, transmitida e gravada, por qualquer meio eletrônico, mecânico, por fotocópia e outros, sem a prévia autorização, por escrito, da Editora.

Editor: Paulo André P. Marques
Supervisão Editorial: Aline Vieira Marques
Copidesque: Luciana Nogueira
Capa: Paulo Vermelho
Diagramação: Janaina Salgueiro
Assistente Editorial: Vanessa Motta

Várias **Marcas Registradas** aparecem no decorrer deste livro. Mais do que simplesmente listar esses nomes e informar quem possui seus direitos de exploração, ou ainda imprimir os logotipos das mesmas, o editor declara estar utilizando tais nomes apenas para fins editoriais, em benefício exclusivo do dono da Marca Registrada, sem intenção de infringir as regras de sua utilização. Qualquer semelhança em nomes próprios e acontecimentos será mera coincidência.

FICHA CATALOGRÁFICA

VIEIRA, Paulo Roberto da Costa; RIBAS, José Roberto.
Análise Multivariada com o uso do SPSS
Rio de Janeiro: Editora Ciência Moderna Ltda., 2011

1. Probabilidade e Estatística.
I — Título

ISBN: 978-85-399-0007-7   CDD 519

Editora Ciência Moderna Ltda.
R. Alice Figueiredo, 46 – Riachuelo
Rio de Janeiro, RJ – Brasil   CEP: 20.950-150
Tel: (21) 2201-6662 / Fax: (21) 2201-6896
LCM@LCM.COM.BR
WWW.LCM.COM.BR

Introdução

Embora existam inúmeros livros acerca de estatística *multivariada*, o número de obras de caráter didático, com aplicações práticas, ainda é insuficiente, praticamente inexistindo em português, especificamente na área de marketing, com ilustrações em SPSS (*Statistical Package for the Social Sciences*) que é, na esfera do ensino brasileiro em Administração, o programa estatístico mais amplamente utilizado.

As ferramentas da estatística multivariada não apenas trabalham com uma diversidade de variáveis, o que é fundamental no processo decisório, mas também oferecem um amplo leque de opções em razão do tipo de variável sob análise. De fato, há ferramentas que empregam somente variáveis métricas, enquanto outras têm capacidade de analisar uma rica combinação de variáveis métricas e não métricas, contemplando, inclusive, uma ampla diversidade de distribuições probabilísticas das variáveis.

Entende-se por variável métrica aquela cuja escala de medida é de razão ou intervalar, ao passo que a variável não métrica, ou categórica, apresenta escala nominal ou ordinal.

Ademais, a análise multivariada possibilita a análise de variáveis latentes, além das tradicionalmente observadas. A variável latente é similar ao construto teórico, não sendo, dessa maneira, diretamente mensurada, mas sim por meio das variáveis observadas. A satisfação pode ser considerada um exemplo de variável latente, sendo a sua mensuração dependente das variáveis observadas, as quais são representadas, numa pesquisa de *survey*, pelos itens do questionário que se referem, conforme estabelecido na teoria, às diversas facetas da satisfação.

Na realidade, embora as primeiras ferramentas estatísticas que tratam de variáveis latentes datem do início do século passado, o crescimento de estudos envolvendo tais variáveis é relativamente recente e se confunde com o surgimento de programas estatísticos amigáveis, tal como o SPSS. Inicialmente restritas à Psicometria, ferramentas como a análise fatorial e a modelagem de equações estruturais participam ativamente na geração dos resultados de pesquisas da área de negócios.

Este livro empregou as versões 15.0 e 17.0 do SPSS para todas as ferramentas utilizadas, à exceção do capítulo relativo à modelagem de equações estruturais, cujo programa utilizado, em sua versão 4.0, foi o AMOS (*Analysis of Moment Structures*).

Em cada capítulo do livro, são apresentados os fundamentos da técnica que está sendo estudada, com desenvolvimento de caso onde a técnica pode ser aplicada. Na seção prática do capítulo, o modelo é especificado, sendo, então, apresentadas as telas do SPSS relativas a cada estágio de desenvolvimento do modelo, com a explicação dos resultados mais importantes.

Em resumo, acreditamos que o presente trabalho irá facilitar a realização de pesquisa por parte dos estudantes de graduação e pós-graduação em negócios, bem como dos profissionais interessados em enriquecer a lista dos produtos que oferece, incluindo pesquisas quantitativas mais ricas, já que a análise estatística multivariada possibilita que determinada problemática seja estudada por mais de uma ferramenta, permitindo a extração de múltiplos *insights*, o que amplia o conhecimento da área sob investigação.

Por último, gostaríamos de informar que, com objetivo precípuo de permitir ao leitor a ampliação do domínio em relação aos conteúdos da estatística *multivariada* abordados na presente obra, foram inseridos no sítio do livro na Internet exercícios acompanhados das respectivas planilhas de dados.

Sumário

Capítulo 1 - Análise dos Dados 1

Paulo Roberto da Costa Vieira e José Roberto Ribas

    Dados atípicos (*outliers*) e dados perdidos (*missing data*) 3

        Dados atípicos (*outliers*) 3

        Dados perdidos (*missing data*) 11

    Hipóteses fundamentais para realização de testes paramétricos 13

        Normalidade 14

        Variâncias homogêneas (*homoscedasticidade*) 21

        Linearidade 21

        Colinearidade e Multicolinearidade 22

        Exercícios 25

        Referências 25

Capítulo 2 - Análise Fatorial 27

Paulo Roberto da Costa Vieira

        Aplicação 32

        Resultados 39

        Exercícios 43

        Referências 44

Capítulo 3 - Análise de Componentes Principais 45

Paulo Roberto da Costa Vieira

        Aplicação 50

        Resultados 54

        Exercícios 59

        Referências 60

Capítulo 4 - Análise de Variância 63

Paulo Roberto da Costa Vieira

        Conceitos fundamentais 66

        Análise de Variância 69

        Aplicação 71

        Resultados 75

        Exercícios 77

        Referências 78

Capítulo 5 - Análise Multivariada de Variância (Manova) 79

Paulo Roberto da Costa Vieira

        Aplicação 84

        Resultados 87

        Exercícios 94

        Referências 95

Capítulo 6 - Análise Conjunta 97

José Roberto Ribas

    Delineamento Ortogonal 101

    Especificação do Modelo 107

    Reverso das Expectativas 108

    Testes de Significância 109

    Estimativa das Utilidades 110

    Importâncias Relativas 111

    Exercícios 112

    Referências 112

Capítulo 7 - Modelos Logit Ordenados Generalizados 113

José Roberto Ribas

    O teste qui-quadrado do modelo 120

    O teste do pseudo R2 123

    A estimativa das utilidades totais por tratamento 124

    Estimativa das probabilidades de preferência por tratamento 126

    Importância relativa de cada fator 128

    Subconjuntos de tratamentos 129

    Exercícios 132

    Referências 133

Capítulo 8 - Correlação Canônica 135

José Roberto Ribas

    Especificação dos conjuntos dependente e independente 138

Correlações canônicas 141

Testes de significância 142

Pesos canônicos 143

Cargas canônicas 145

Redundância 147

Exercícios 150

Referências 151

Capítulo 9 - Escalonamento Multidimensional 153

José Roberto Ribas

Tipos de modelos 159

Aplicação para o modelo RMDS 159

Modelo de Desdobramento Multidimensional 171

Exercícios 189

Referências 190

Capítulo 10 - Regressão Logística 193

Paulo Roberto da Costa Vieira

Chance e Transformação *Logit* 196

Aplicação 201

Resultados 203

Secção Descritiva 203

Bloco 0: Inicial 204

Bloco 1: Método *forward stepwise* (razão de verossimilhança) 206

Exercícios 210

Referências 211

Capítulo 11 - Modelagem de Equações Estruturais 213

Paulo Roberto da Costa Vieira

    Aplicação 226

    Resultados 227

    Considerações Finais 236

    Exercícios 237

    Referências 238

Anexo 241

Bibliografia 255

Índice 263

Capítulo 1
Análise dos Dados

A informação de qualidade constitui a viga mestra que alicerça a excelência dos resultados da pesquisa científica. É indispensável que seja realizada uma exploração inicial nos dados para verificar se há falta de observações ou casos atípicos, se as hipóteses associadas à ferramenta escolhida foram adequadamente atendidas, bem como identificar se os eventuais afastamentos das condições ideais poderão comprometer seriamente os resultados da análise.

Dados atípicos (*outliers*) e dados perdidos (*missing data*)

A inspeção inicial dos dados revela, com frequência, aspectos que podem surpreender o pesquisador, que pode se deparar com observações incomuns ou informações inexistentes. Essas duas situações são discutidas nas duas seções seguintes.

Dados atípicos (*outliers*)

É possível que sejam identificados valores excessivamente reduzidos ou elevados que são, usualmente, denominados *outliers*, os quais podem distorcer substancialmente os resultados. De fato, sempre que um *outlier* estiver presente nos dados, os resultados gerados com e sem a observação incomum podem ser muito diferentes, levando a conclusões conflitantes. Eles podem ser causados por registro (lançamento) equivocado do dado ou podem estar presentes no fenômeno estudado, embora não tenham sido antecipados pelo estudioso.

Esse exame inicial pode ser conduzido com análise das estatísticas descritivas de todas as variáveis. A observação atípica pode acontecer quando um caso apresenta valores extremos em determinada variável (*outlier univariado*) ou a combinação incomum de valores em diversas variáveis (*outlier multivariado*).

Convém observar que amostras grandes podem, eventualmente, exibir observações que aparentemente são atípicas, mas que não são essencialmente *outliers*. De fato, à medida que a amostra aumenta, é ampliada a chance de serem incluídos casos extremos que constituem observações legítimas da população, não sendo, dessa maneira, necessária, nem recomendada a sua remoção.

O *outlier univariado* é, usualmente, mais fácil de ser identificado do que o *multivariado*. Vamos tratar, preliminarmente, do caso mais simples: o *outlier univariado*.

É possível identificar *outliers univariados* com análise descritiva ou inspeção visual em gráfico. Eles apresentam as seguintes propriedades: as magnitudes de seus escores padronizados são maiores do que 3 ou menores do que –3; e seus escores padronizados não estão integrados aos escores padronizados das observações remanescentes. Para identificá-los é recomendável obter, inicialmente, os escores padronizados de todas as variáveis.

No SPSS, emprega-se, para gerar escores padronizados, a seguinte sequência: *Analyze; Descriptive Statistics; Descriptives (assinale save stantardized values)*. É preciso, então, procurar valores padronizados que sejam maiores do que 3 ou menores que –3.

Admita uma pesquisa de opinião, na qual se deseja avaliar a presença de três construtos, cada um dos quais sendo avaliado por meio de três indicadores. A primeira variável latente é mensurada pelos indicadores DS1, DS2 e DS3, os quais estão associados ao nível que melhor reflete a opinião do cliente em relação às seguintes afirmativas:

DS1: Estou satisfeito com a variedade de produtos;

DS2: O sortimento de produtos atende as minhas necessidades; e

DS3: Não sinto falta de nenhum produto quando necessito.

A segunda variável latente é avaliada por meio dos indicadores CE1, CE2 e CE3, que estão associados ao nível que melhor retrata a opinião do cliente em relação às seguintes assertivas associadas ao atendimento:

CE1: O atendimento é cordial;

CE2: Os funcionários são solícitos com o cliente; e

CE3: Os funcionários levam em consideração o problema do cliente.

A terceira variável latente é medida pelos indicadores DR1, DR2 e DR3, que estão associados ao nível que melhor reflete a opinião do cliente quanto às seguintes afirmativas associadas à localização do produto:

DR1: A loja possui um ambiente funcional;

DR2: A disposição dos produtos facilita a sua localização; e

DR3: A disposição das prateleiras permite economia de tempo.

Sendo assim, clique [*Analyze*]; [*Descriptive Statistics*]; e [*Descriptives*] (Figura 1).

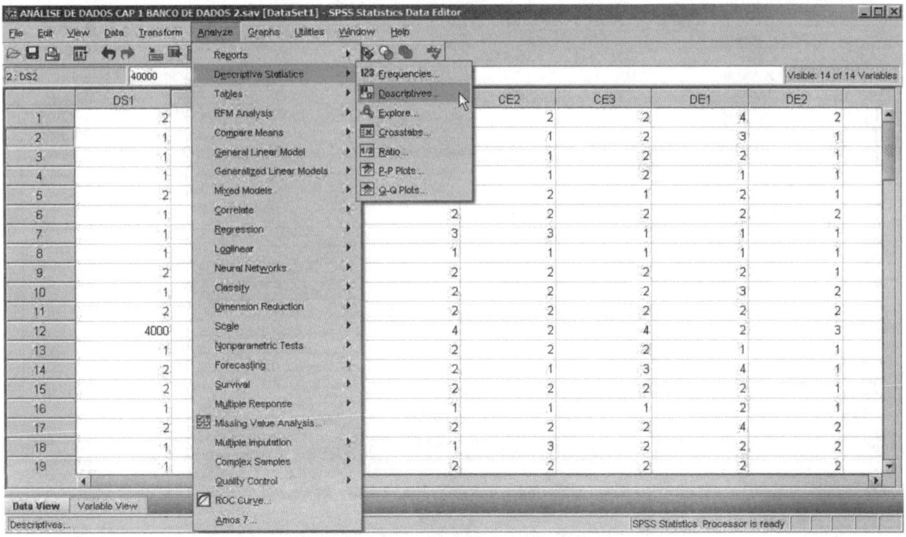

Figura 1. Cálculo de estatísticas descritivas.

Selecione as variáveis que serão analisadas e as transfira para [*Variable(s)*]. Assinale a opção [*Save standardized values as variables*] (Figura 2).

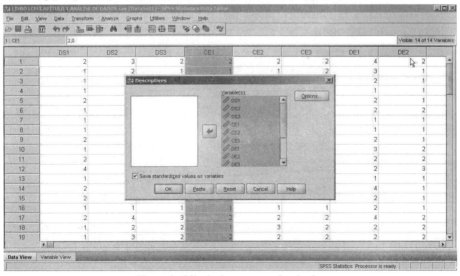

Figura 2: Cálculo de escores padronizados.

Clique [*OK*].

6 • Análise Multivariada com o uso do SPSS

	ZDS1	ZDS2	ZDS3	ZCE1	ZCE2	ZCE3	ZDE1
1	-0,12139	-0,12195	0,24232	-0,13254	0,03432	-0,04741	1,62872
2	-0,12344	14,07142	-0,91737	-1,11924	-1,11528	-0,04741	0,67149
3	-0,12344	-0,12236	-0,91737	-1,11924	-1,11528	-0,04741	-0,28574
4	-0,12344	-0,12236	0,24232	-0,13254	-1,11528	-0,04741	-1,24297
5	-0,12139	-0,12236	-0,91737	-0,13254	0,03432	-1,10628	-0,28574
6	-0,12344	-0,12236	-0,91737	-0,13254	0,03432	-0,04741	-0,28574
7	-0,12344	-0,12236	-0,91737	0,85416	1,18392	-1,10628	-1,24297
8	-0,12344	-0,12236	-0,91737	-1,11924	-1,11528	-1,10628	-1,24297
9	-0,12139	-0,12236	0,24232	-0,13254	0,03432	-0,04741	-0,28574
10	-0,12344	-0,12236	-0,91737	-0,13254	0,03432	-0,04741	0,67149
11	-0,12139	-0,12216	0,24232	-0,13254	0,03432	-0,04741	-0,28574
12	14,07142	-0,12175	2,56171	1,84086	0,03432	2,07032	-0,28574
13	-0,12344	-0,12236	-0,91737	-0,13254	0,03432	-0,04741	-1,24297
14	-0,12139	-0,12236	-0,91737	-0,13254	-1,11528	1,01145	1,62872
15	-0,12139	-0,12195	2,56171	-0,13254	0,03432	-0,04741	-0,28574
16	-0,12344	-0,12236	-0,91737	-1,11924	-1,11528	-1,10628	-0,28574
17	-0,12139	-0,12175	1,40202	-0,13254	0,03432	-0,04741	1,62872
18	-0,12344	-0,12216	0,24232	-1,11924	1,18392	-0,04741	-0,28574
19	-0,12344	-0,12195	0,24232	-0,13254	0,03432	-0,04741	-0,28574

Figura 3. Exibição dos escores padronizados.

Observe, nas variáveis padronizadas, se há algum valor que seja superior a |3|. De fato, ambas as variáveis ZDS1 e ZDS2 exibem a magnitude 14,07142. Esses valores indicam a existência de *outliers univariados* (Figura 3).

A identificação dos *outliers multivariados* é consideravelmente mais difícil de realizar do que o exame dos *univariados*, pois o *multivariado* é uma observação com valores em diversas variáveis que não são necessariamente atípicas quando cada variável é considerada separadamente, sendo, entretanto, atípica a sua combinação.

Uma estatística útil na detecção de *outliers multivariados* é a distância de Mahalanobis que mensura a distância de cada ponto individual no espaço de **n** dimensões em relação ao centroide da amostra de dados. O centroide é o ponto cujas coordenadas são as médias das variáveis observadas. Observações que exibam valores elevados para a distância de Mahalanobis estão mais distanciadas da média do que aqueles pontos com menor distância. As observações com elevada distância são, potencialmente, atípicas, quando p<0,001, dado que é recomendável especificar um nível de significância conservador.

Para fins ilustrativos, considere o exemplo anterior. Clique [*Analyze*]; [*Regression*]; [*Linear*] (Figura 4).

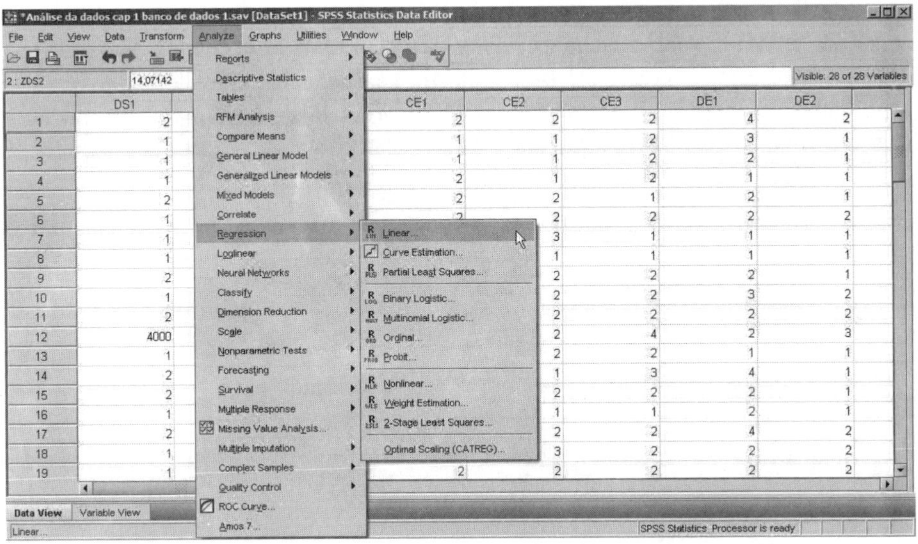

Capítulo 1 – Análise dos Dados • 7

Figura 4. Procedimento inicial para cálculo da distância de Mahalanobis.

Selecione a variável dependente e a transfira para Dependent, procedendo de forma análoga para as variáveis independentes. Clique [*Save Mahalanobis Distance*]. Assinale [*Mahalanobis*] em *Distance*.

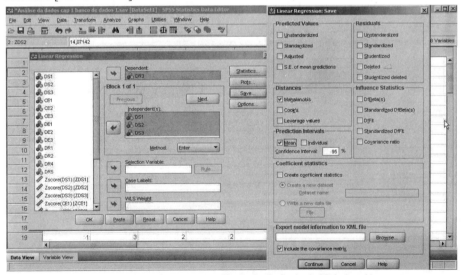

Figura 5. Procedimento para cálculo da distância de Mahalanobis.

8 • Análise Multivariada com o uso do SPSS

Ao final da análise, uma nova variável é adicionada ao conjunto original de dados, denominada MAH_1, a qual contém os valores da distância de *Mahalanobis* para cada observação. Observe que a variável MAH_1 mostra a existência de um valor muito elevado para a distância, qual seja: 198,00402. Essa observação constitui um *outlier* (Figura 6).

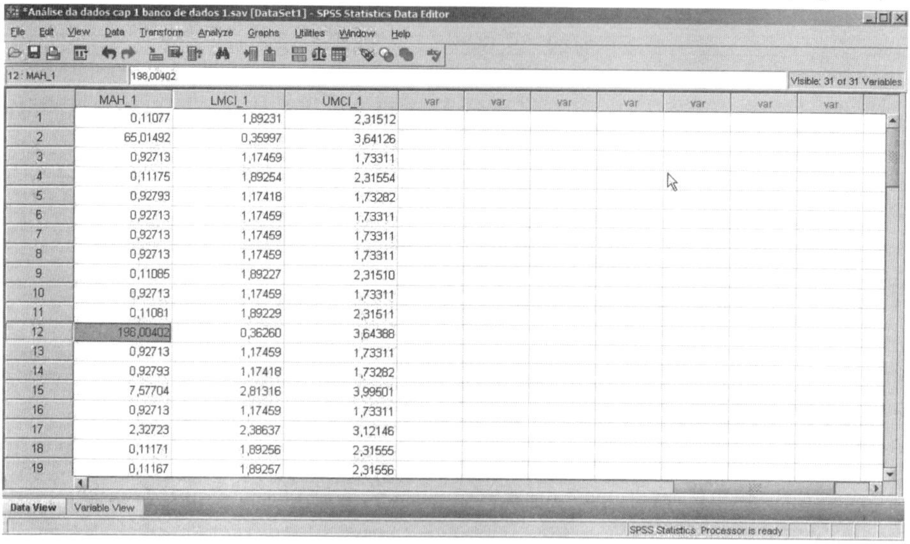

Figura 6. Exibição da distância de Mahalanobis.

Caso tenha interesse na identificação de *outliers*, clique em [*Data/Select Cases*], conforme se observa na figura 7.

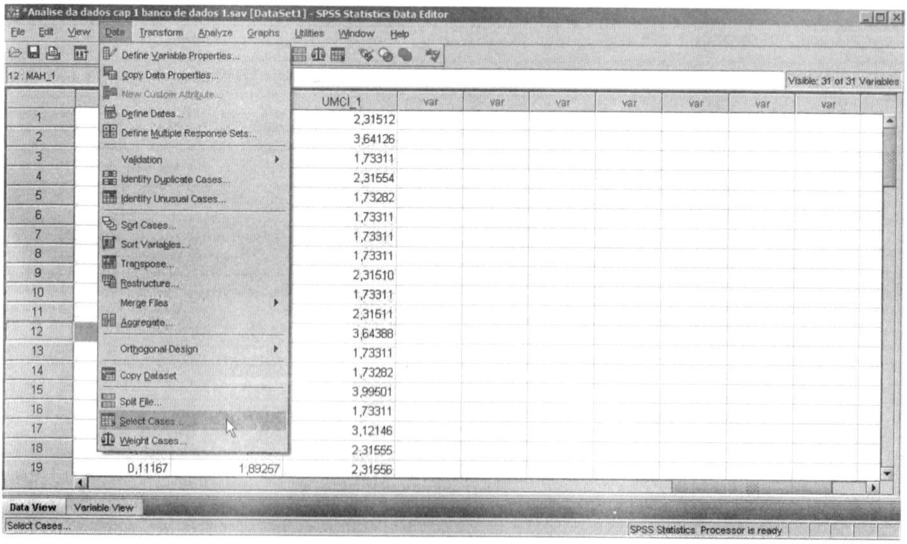

Figura 7. Procedimento inicial para identificação de outlier.

Selecione a opção [*If condition is satisfied...*].Clique [*If...*]. Na caixa relativa ao texto da fórmula, insira a desigualdade ZDS1> 3. Clique [*OK*] (Figura 8).

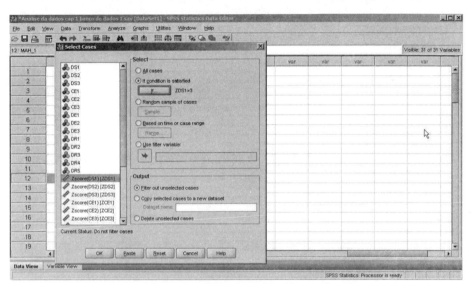

Figura 8. Procedimento final para identificação de outlier.

Observe que somente a observação que exibiu um valor padronizado superior a 3 ficou em destaque (Figura 9).

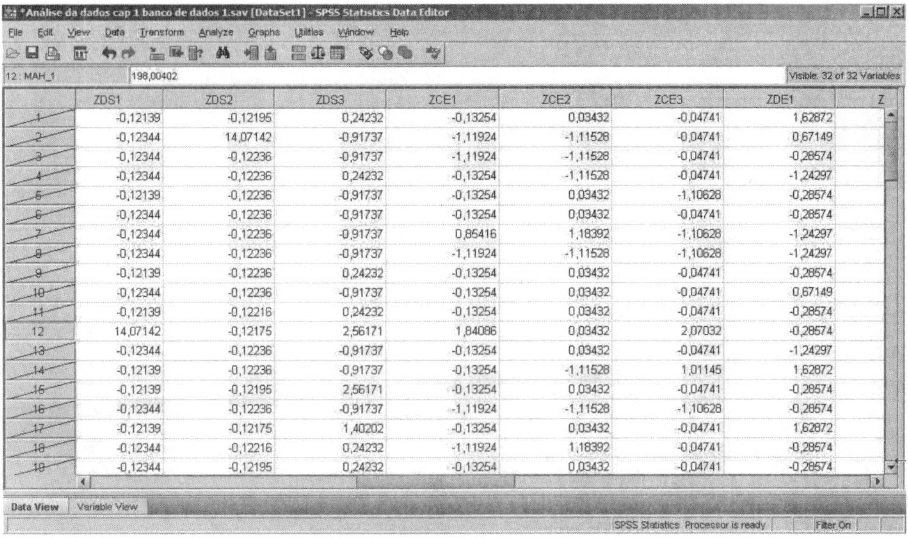

Figura 9. Exibição de outlier.

10 • Análise Multivariada com o uso do SPSS

Selecione a observação que deseja excluir. Clique [*Edit*]; e [*Clear*].

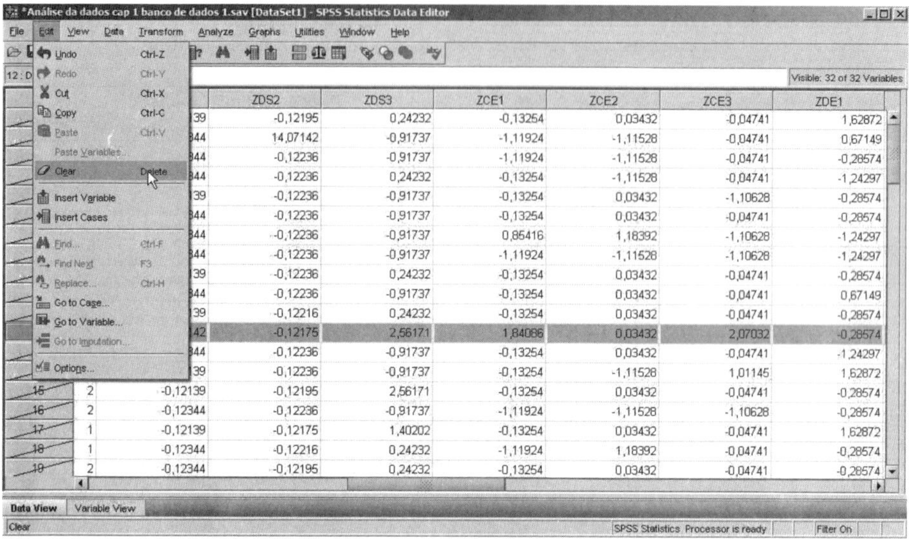

Figura 10. Procedimento para exclusão de outlier.

Verifique novamente a planilha e perceberá que o *outlier* foi excluído (Figura 11).

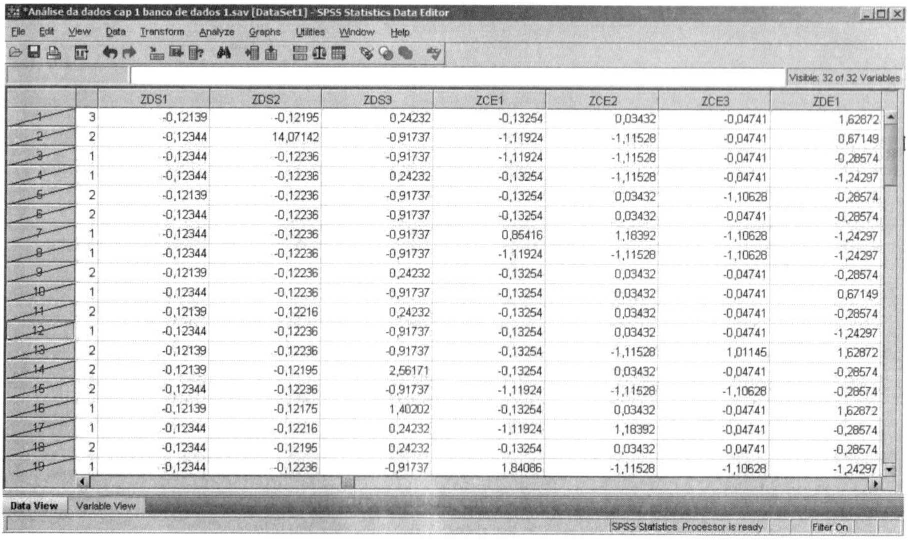

Figura 11. Resultado da exclusão de outlier.

Dados perdidos (*missing data*)

Uma questão fundamental na inspeção preliminar dos dados é como abordar a questão de dados perdidos. Se os dados foram coletados de um experimento ou de uma pesquisa de *survey*, é muito frequente que haja participantes que não responderam a determinadas questões. Quando a amostra é razoavelmente elevada, variando de 200 a 400 observações, o percentual de dados perdidos é, habitualmente, pequeno (e.g., 5% a 10%).

Apagar os dados de todos os participantes que apresentaram dados perdidos é a abordagem mais radical e provavelmente uma das menos adotadas. Esse método é denominado exclusão *listwise* (*listwise deletion*) e pode resultar num conjunto de dados substancialmente menor, o que exige se faça uma reflexão do quanto representativa é a amostra da população, antes que se adote procedimento tão radical. Exceto quando a amostra for, de fato, muito grande, ou seja, com mais de 500 observações, e o percentual de dados perdidos for pequeno, isto é inferior a 5%, é que o emprego desse tipo de exclusão pode ser cogitado.

A exclusão *pairwise* (*pairwise deletion*) retém a maior parte da informação do participante que não respondeu a todas as questões, excluindo apenas os dados perdidos em quaisquer que sejam as variáveis. Essa abordagem resulta em vários tamanhos de amostra, enviesando as estimativas, o que torna questionável a confiabilidade dos resultados da análise.

O método mais comum para substituição de dados perdidos é, provavelmente, a reposição pela média de todos os dados da variável. Por esse procedimento, o dado perdido é substituído pela média da variável, produzindo uma média idêntica à existente, antes da reposição. Ou seja, quer se reponha ou não o dado perdido, a média se mantém inalterável. Contudo, o desvio-padrão tende a ser menor quando há reposição pela média, o que reduz sua capacidade de sinalizar a variabilidade na população.

Outro procedimento empregado para substituição do dado perdido é a imputação por regressão, na qual o valor perdido de uma variável é estimado por intermédio da regressão dessa variável em relação às demais.

Considere, para fins ilustrativos, o arquivo abaixo, o qual contém as medições, segundo escala Likert de sete pontos, quanto à opinião de torcedores de um time de futebol em relação à qualidade percebida do novo uniforme a ser utilizado no próximo campeonato. As variáveis observadas (x1, x2 e x3) refletem os seguintes itens:

x1: O design da camiseta preserva as cores do time;

x2: A camiseta apresenta um design que reflete a tradição do time; e

x3: O design da camiseta traduz um estilo moderno.

Com base nas informações acima, clique [*Analyze*]; [*Missing Value Analysis*] (Figura 12).

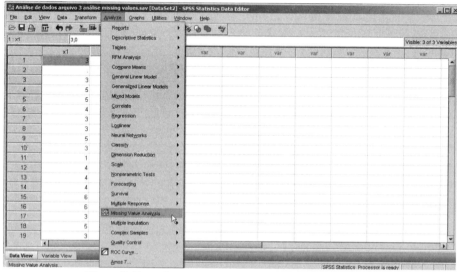

Figura 12. Procedimento inicial para imputação de dado perdido.

Selecione as variáveis com dados perdidos e transfira para a caixa [*Quantitative Variables*]. Selecione [*Regression*]. Clique [*OK*] (Figura 13).

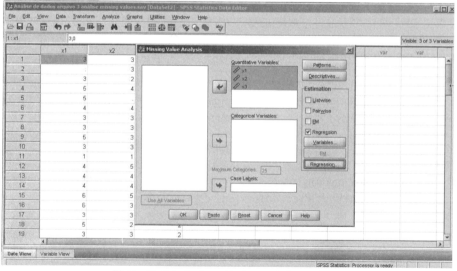

Figura 13. Seleção de variáveis com dados perdidos.

Os resultados da tabela 1 mostram as estatísticas descritivas para as variáveis selecionadas, indicando a média e o desvio-padrão para as observações existentes.

Tabela 1: Univariate Statistics

	N	Mean	Std. Deviation	Missing Count	Missing Percent	No. of Extremes Low	No. of Extremes High
x1	199	4,16	1,206	1	,5	0	0
x2	199	3,76	1,176	1	,5	0	0
x3	199	4,02	1,157	1	,5	0	0

A tabela 2 informa os valores sugeridos para os dados esquecidos das variáveis selecionadas.

Tabela 2. Summary of Estimated Means

	x1	x2	x3
All Values	4,16	3,76	4,02
Regression	**4,15**	**3,77**	**4,01**

A tabela 3 mostra que há convergência entre os valores do desvio-padrão sem a inclusão dos dados perdidos e com a sua inclusão.

Tabela 3. Summary of Estimated Standard Deviations

	x1	x2	x3
All Values	1,206	1,176	1,157
Regression	1,206	1,174	1,156

Hipóteses fundamentais para realização de testes paramétricos

Além da relevância de se realizar inspeção inicial nos dados para detecção de *outliers* e *missing data*, é fundamental verificar se as variáveis exibem distribuição adequada para realização de testes paramétricos. Quando se utiliza dado não paramétrico em teste paramétrico, os resultados não exibem precisão.

Os testes paramétricos são procedimentos estatísticos baseados na distribuição normal e estão alicerçados em quatro hipóteses fundamentais, as quais precisam ser respeitadas para que os resultados do teste sejam precisos. As aludidas hipóteses são as seguintes: i) dados com distribuição normal; ii) variância homogênea; iii) dados métricos[1]; iv) dados independentes.

Supõe-se, assim, que os dados das distintas variáveis sejam provenientes de populações com distribuição normal; a variância é a mesma entre os dados das diferentes variáveis; os dados são métricos, com pelo menos escala intervalar; e há independência entre os dados, ou seja, o comportamento de determinado participante não exerce influência sobre o comportamento de outro. A hipótese de dado intervalar e de medidas independentes são avaliadas apenas pelo senso comum. As demais hipóteses são discutidas abaixo.

Normalidade

Na medida em que os procedimentos estatísticos mais usuais pressupõem a distribuição normal dos dados, é fundamental verificar se os dados respeitam esse critério. Há diversas maneiras de se verificar a normalidade dos dados. Pode-se recorrer à inspeção visual com ajuda do histograma ou de outro recurso gráfico, cujo préstimo não se restringe à verificação de normalidade, mas também a inspeção da existência de *outliers*. De fato, a normalidade da distribuição de frequência de uma variável pode ser examinada graficamente pela construção de um histograma, sobrepondo-lhe a forma que deveria exibir se fosse perfeitamente normal. No caso da inspeção visual, a forma do histograma se aproxima de um sino, sugerindo que os dados são originários da população normal.

No SPSS, clica-se, inicialmente, o menu [*Graphs*]; [*Interactive*]; e [*Histogram*] para exibir a frequência dos diferentes escores, possibilitando verificar a sua distribuição.

---

1 Dados métricos são classificados, por alguns autores, como contínuos, tais como altura e peso, ou discretos, como número de automóveis possuídos pelo indivíduo. Outros autores enfatizam, na classificação dos dados quantitativos, sua natureza intervalar, quando não possuem zero absoluto, ou de razão, tal como o salário mensal do indivíduo expresso em reais.

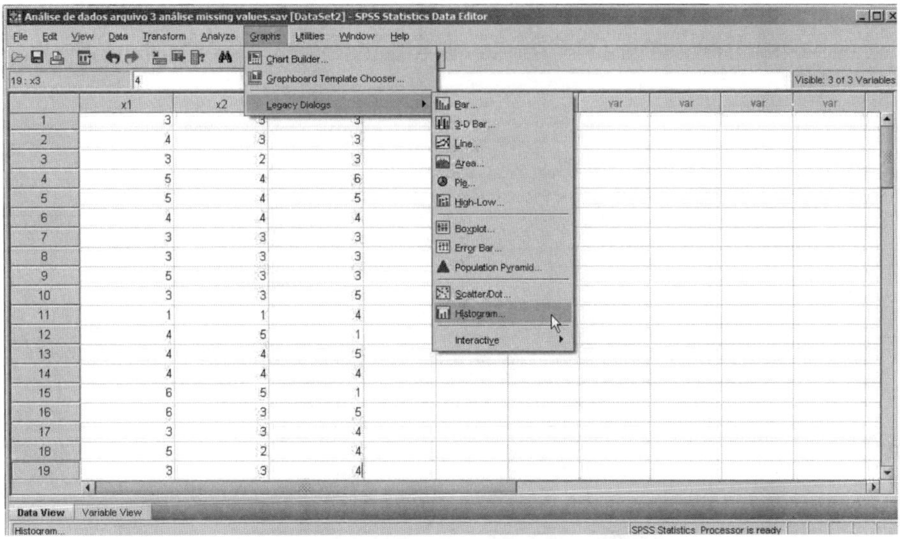

Capítulo 1 – Análise dos Dados • 15

Figura 14. Procedimento preliminar para verificação gráfica da normalidade.

Selecione a variável que será analisada. Neste caso, estamos interessados em analisar a distribuição de opiniões em relação à preservação das cores do clube na nova camiseta. Assinale [*Display normal curve*]. Clique [*OK*] (Figura 15).

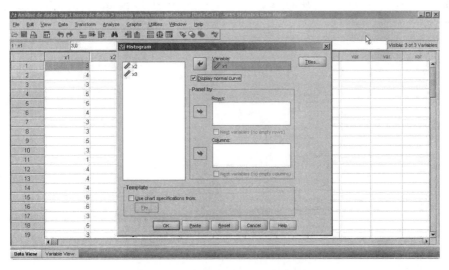

Figura 15. Exibição da curva normal.

O SPSS exibe o histograma para a variável, com a respectiva curva normal. Notamos, de imediato que os dados não são distribuídos no formato da curva normal.

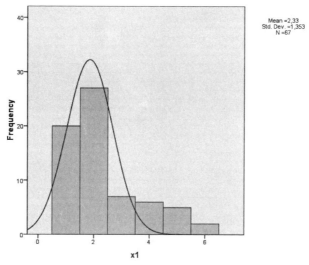

Figura 16. Histograma com curva normal.

Para melhor explorar a distribuição das variáveis, é possível empregar o comando *Frequencies*, cujo acesso é realizado por meio do caminho [*Analyze*]; [*Descriptive Statistics*]; [*Frequencies*] (Figura 17). Por *default*, o SPSS produz a distribuição de frequências de todos os escores em forma de tabela.

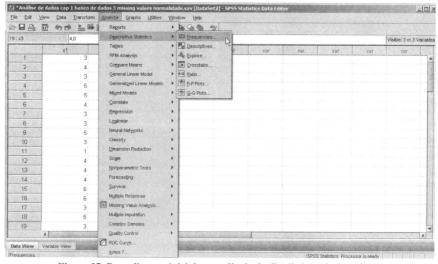

Figura 17. Procedimento inicial para cálculo da distribuição de frequência.

Em *Frequencies*, selecione as três variáveis que serão empregadas para analisar o comportamento da opinião em relação às cores, à tradição e ao aspecto moderno da nova camiseta. As variáveis selecionadas deverão ser transferidas para *Variable(s)*. Assinale [*Display frequency tables*]. Clique [*Statistics*].

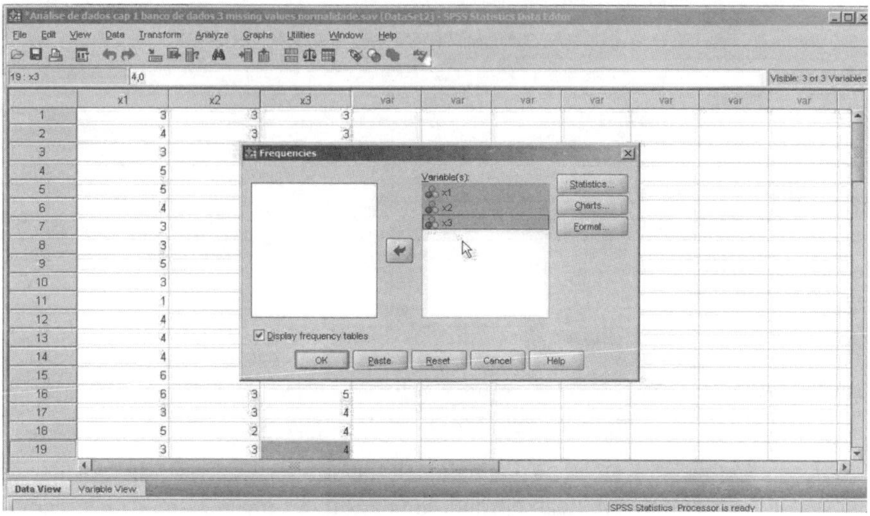

Figura 18. Seleção das variáveis sob análise.

A caixa *Statistics* possibilita selecionar diversas opções por meio das quais a distribuição de escores pode ser descrita, tais como medidas de tendência central, medidas de variabilidade e medidas de formato (curtose e assimetria).

Na caixa *Frequencies Statistics*, assinale *Median*, *Median* e *Mode*, em *Central Tendency*. Assinale *Std deviation*, em *Dispersion*. Assinale *Skewness* e *Curtosis*, em *Distribution*. Clique *Continue* (Figura 19).

Os valores de assimetria e curtose deveriam ser zero numa distribuição normal. Valores positivos de assimetria indicam que há acumulação de escores do lado esquerdo da distribuição, ao passo que valores negativos indicam uma concentração de valores no lado contrário. Valores positivos de curtose indicam uma distribuição pontuda, enquanto valores negativos indicam uma distribuição *flat*. Quanto mais próximo o valor estiver de 0, mais provavelmente os dados não apresentarão distribuição normal. Convém notar que os valores da assimetria e curtose são mais informativos para valores padronizados. A conversão em escore padronizado possibilita comparar quaisquer escores, mesmo quando tiverem sido originalmente mensurados em unidades diferentes. Em nosso caso, como os escores estão em escala Likert, não há problema em trabalhar com os escores originais.

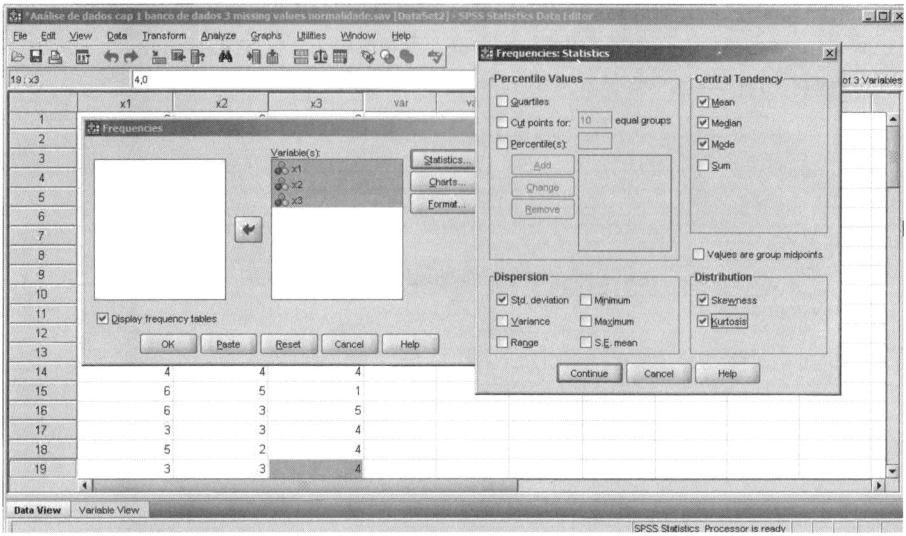

Figura 19. Cálculo de estatísticas descritivas.

A tabela 4 exibe os resultados da análise. Podemos verificar que, de fato, as variáveis não apresentam distribuição normal, uma vez que a média, a moda e a mediana não estão sobrepostas, o que pode comprometer futuras análises paramétricas, envolvendo as três características da nova camiseta do clube.

Tabela 4. Statistics

		x1	x2	x3
N	Valid	200	200	200
	Missing	0	0	0
Mean		4,16	3,76	4,02
Median		4,00	4,00	4,00
Mode		5	3	5
Std. Deviation		1,203	1,173	1,154
Skewness		-,322	,074	-,327
Std. Error of Skewness		,172	,172	,172
Kurtosis		-,626	-,457	-,678
Std. Error of Kurtosis		,342	,342	,342

Para suplementar a avaliação gráfica da normalidade, é possível realizar teste formal de verificação de normalidade nos dados. O teste Kolmorov-Sminorv (K-S) e o teste de Shapiro-Wilk (S-W) são procedimentos que podem ser empregados para testar a hipótese de normalidade dos dados. Quando o tamanho da amostra não é grande, o teste S-W é o preferido, ao passo que se o tamanho da amostra for grande, o teste K-S é altamente confiável. As hipóteses empregadas no teste de normalidade dos dados são as seguintes:

H_0: Os dados exibem distribuição normal.

H_1: Os dados não exibem distribuição normal.

A rejeição de H_0, considerando determinado nível pré-especificado de significância, sugere que os dados não são provenientes de uma distribuição normal. Se o teste não rejeitar a normalidade, há evidência suficiente para o emprego seguro de um procedimento paramétrico que suponha normalidade.

Após carregar o arquivo de dados, selecione [*Analyze*];[*Descriptive Statistics*];[*Explore*] (Figura 20).

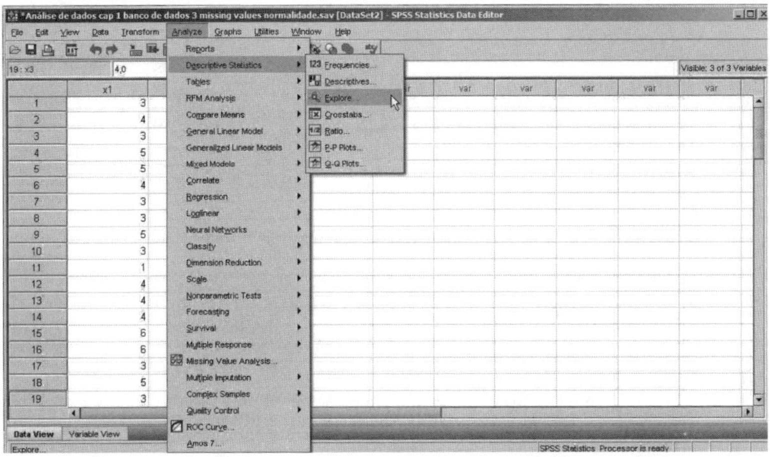

Figura 20. Procedimento inicial para realização de teste de normalidade.

Escolha as variáveis que serão transferidas para *Dependent list* e, se for o caso, para *Factor list*. Clique [*Plots*]; selecione [*Normality plots with tests*]; e assinale [*Histogram*]. Clique [*Continue*] e [*OK*].

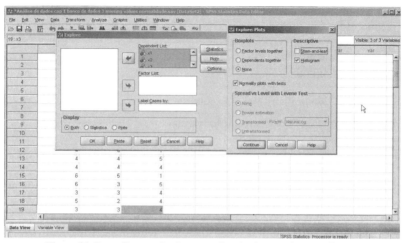

Figura 21. Procedimento final para realização do teste de normalidade.

A tabela 5 exibe os resultados para o teste K-S e para o teste S-W. É possível verificar que o teste K-S rejeita a hipótese nula que as variáveis tenham distribuição normal. Esse resultado confirma a cautela que deverá revestir a decisão futura quanto à realização de testes paramétricos para analisar as três características da nova camiseta do time.

Tabela 5. Tests of Normality

	Kolmogorov-Smirnov[a]			Shapiro-Wilk		
	Statistic	df	Sig.	Statistic	df	Sig.
x1	,239	200	,000	,893	200	,000
x2	,213	200	,000	,919	200	,000
x3	,253	200	,000	,874	200	,000

a. Lilliefors Significance Correction

Por último, cabe alertar que, embora as variáveis individuais possam apresentar distribuição normal, é preciso, no caso de diversas ferramentas *multivariadas*, que os dados exibam normalidade *multivariada*.

Variâncias homogêneas (*homoscedasticidade*)

A igualdade de variâncias entre populações é denominada homogeneidade de variâncias ou *homoscedasticidade*. Há ferramentas estatísticas, tal como a igualdade de médias por meio do teste t e a análise de variância (ANOVA), que supõem que os dados foram extraídos de populações que têm a mesma variância, mesmo quando o teste rejeita a hipótese nula de igualdade de médias populacionais. Se essa condição de variância não for atendida, os resultados do teste estatístico podem ser inválidos. A *heteroscedasticidade* refere-se, por outro lado, à carência de homogeneidade de variâncias.

Para avaliar se as variâncias de uma única variável métrica são iguais entre grupos, recomenda-se o emprego do teste de Levene, conforme veremos no capítulo que trata de ANOVA. No caso em que o teste envolve mais de uma variável métrica, o teste *Multivariado* de Box é indicado, consoante a exposição do capítulo sobre Análise de Variância *Multivariada* (MANOVA).

Além das hipóteses fundamentais anteriormente discutidas, há duas condições cuja presença necessita ser cuidadosamente avaliada quando se trabalha com estatística *multivariada* e teste paramétrico.

Linearidade

A condição de linearidade exige que os dados possam ser aglomerados segundo uma linha reta e não de outra forma. É importante observar que a hipótese não requer que os dados sejam perfeitamente lineares, ou seja, fiquem superpostos em linha reta. A preocupação é que os dados não exibam sinais claros de não linearidade.

O exame dos resíduos pode contribuir para determinar se as hipóteses foram atendidas. Se os resíduos seguem algum tipo de curva não linear, há evidência de que a hipótese de linearidade pode não ter sido observada.

O *diagrama de dispersão* dos resíduos apresenta, com frequência, os resíduos no eixo vertical e a variável independente no eixo horizontal. Se a hipótese de linearidade for atendida, então, o *diagrama de dispersão* deveria aparecer com pontos randomicamente dispersos em torno da linha central.

Se os resíduos não exibirem padrão randômico, pode-se aplicar a transformação de variáveis para ajudar a eliminar o problema. As transformações mais comuns incluem a logarítmica e a raiz quadrada.

Dependendo do tipo de não linearidade observada, é possível aplicar as aludidas transformações à variável independente, à variável dependente ou a ambas.

No caso de regressão múltipla, os resíduos refletem os efeitos de todas as variáveis independentes, sendo, então, recomendável que se examine a relação da variável dependente com cada variável independente. Nesse caso, dependendo do sinal do coeficiente angular associado à variável independente, a linha central se inclinará para cima ou para baixo. A análise da dispersão em torno da linha é análoga àquela mencionada anteriormente.

Colinearidade e Multicolinearidade

A colinearidade é uma condição que existe quando duas variáveis independentes são muito fortemente correlacionadas; a *multicolinearidade* é a condição que existe quando mais de duas variáveis independentes são fortemente correlacionadas. Observe que a relação se estabelece apenas entre variáveis independentes, inexistindo a participação da variável dependente.

A *multicolinearidade* pode distorcer a interpretação dos resultados, pois se duas variáveis forem altamente correlacionadas, elas podem estar mensurando essencialmente a mesma característica, sendo impossível identificar qual das duas é mais relevante.

Quando o objetivo precípuo da pesquisa for compreender a importância relativa das variáveis independentes, em lugar da simples maximização do coeficiente de determinação, a *multicolinearidade* pode gerar sérios problemas. Inicialmente, ela provoca distorções nas magnitudes dos pesos de regressão das variáveis independentes fortemente correlacionadas, bem como nos erros padronizados, ampliando os intervalos de confiança, com possível inserção do valor zero.

Convém observar que, com inclusão do zero no intervalo de confiança, fica comprometida a fidedignidade de se considerar a existência de efeitos positivos ou negativos na variável dependente causados por variações na variável independente.

Um problema adicional da *multicolinearidade* é que se ela for substancialmente elevada, a realização de determinadas operações matemáticas não pode acontecer, tal como a inversão de matrizes, interrompendo, bruscamente, o funcionamento do programa estatístico.

A identificação de colinearidade ou *multicolinearidade* exige que os dados sejam examinados, tendo como foco na busca a existência de correlações na vizinhança de 0,8, muito embora magnitudes vizinhas ao patamar de 0,70 possam provocar problemas.

Este tipo de violação dos pressupostos iniciais é causa comum em análise de regressão quando há inclusão de variáveis que mensuram o mesmo construto. É recomendável, nesse caso, manter apenas uma variável ou considerar a possibilidade de combiná-las apropriadamente. A análise de componentes principais pode contribuir para determinar quais seriam as variáveis a serem combinadas e de que forma poderiam ser linearmente combinadas, sem perda de muita informação.

O SPSS permite o cômputo de correlações para diferentes pares de variáveis, cuja análise dos resultados representa a fase inicial para remoção dos problemas. A análise de componentes principais é, conforme afirmamos anteriormente, outro recurso para identificação de *multicolinearidade*, podendo também contribuir em sua solução.

Há evidência de *multicolinearidade*, quando o menor autovalor for próximo de zero, pois, nesse caso, existe uma combinação linear quase perfeita entre as variáveis independentes.

Convém notar que a existência de autovalor igual a zero também significa matriz singular.

Para fins de ilustração, considere, uma vez mais, a planilha abaixo que considera as três variáveis que caracterizam a opinião dos torcedores em relação à cor, à tradição, e à aparência moderna da nova camiseta do time. Clique [*Analyze*]; [*Correlate*]; [*Bivariate*].

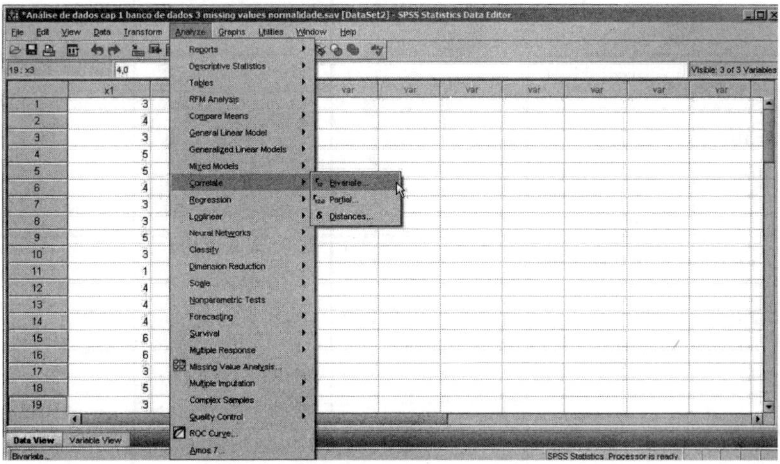

Figura 22. Procedimento inicial para identificação de colinearidade.

Em *Bivariate Correlations*, assinale [*Pearson*], em [*Correlation Coefficients*], e [*Flag significant correlations*], que está abaixo da caixa *Test of Significance*. Clique [*OK*] (Figura 23).

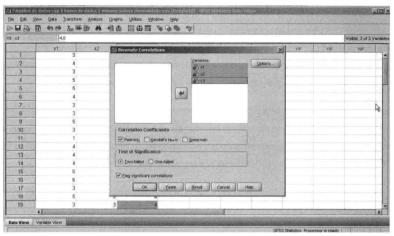

Figura 23. Cálculo dos coeficientes de correlação.

A tabela 6 mostra os coeficientes de correlação de Pearson para os pares de variáveis. O nível de correlação exibido sugere a existência de *multicolinearidade* entre as variáveis, o que aparentemente indica que os torcedores não distinguem claramente as três características da nova camiseta do time.

Tabela 6. Correlations

		x1	x2	x3
x1	Pearson Correlation	1	,783**	,787**
	Sig. (2-tailed)		,000	,000
	N	200	200	200
x2	Pearson Correlation	,783**	1	,744**
	Sig. (2-tailed)	,000		,000
	N	200	200	200
x3	Pearson Correlation	,787**	,744**	1
	Sig. (2-tailed)	,000	,000	
	N	200	200	200

**. Correlation is significant at the 0.01 level (2-tailed).

Esse resultado afasta a possibilidade de se aplicar análise de regressão, mas, se existissem muitas variáveis, com níveis análogos de correlação, poder-se-ia considerar o emprego de análise fatorial, conforme será estudado em capítulo futuro.

Exercícios

1) Verifique se há *outliers* e dados perdidos no arquivo ADE.sav. Avalie se as variáveis do aludido arquivo exibem normalidade aceitável, com afastamento moderado, se houver, bem como a existência de colinearidade ou *multicolinearidade* que possa comprometer o tratamento dos dados.

2) Examine a veracidade das afirmativas abaixo, apresentando argumentos que fundamentem a sua resposta.

a) Todos os testes não paramétricos são baseados na distribuição normal.

b) Se as variáveis não forem categóricas, com escala nominal, os testes estatísticos não exibem significância estatística.

c) Os escores padronizados podem ser empregados na identificação de dados perdidos.

d) Na presença de *outlier* deve-se adotar o mesmo procedimento utilizado para dado perdido, qual seja, promover a exclusão da observação.

e) A distância de Mahalanobis é o procedimento mais indicado para detecção de *outlier multivariado*.

f) Caso o resultado do teste de Kolmogorov-Sminorf não apresentar significância estatística (p>0,05), conclui-se que a distribuição é, provavelmente, normal.

g) Se o resultado do teste de Shapiro-Wilk apresentar significância estatística (p<0,05), é possível afirmar que a distribuição é normal.

Referências

CAMP, B.H. The normal hypothesis. *Journal of The American Statistical Association*, v.26, n.173, p.222-226, 1931.

HAIR, J.F; ANDERSON, R.E.; TATHAM, R.L.; BLACK, W.C. *Análise multivariada de dados*. Porto Alegre: Bookman, 2005.

HARDLE,W.; SIMAR, L. *Applied multivariate statistical analysis*. New York: Springer, 2007.

KACHIGAN, S.K. *Multivariate statistical analysis*: a conceptual introduction. New York: Radius, 1991.

LILLIEFORS, H.W. On the Kolmogorov-Sminorv test for normality with mean and variance unknown. *Journal of The American Statistical Association*, v.62, n.318, p.399-402, 1967.

RAYKOV, T; MARCOULIDES, G.A. *An introduction to applied multivariate analysis*. New York: Routledge, 2008.

SPICER, J. *Making sense of multivariate data analysis*. Thousand Oaks: Sage, 2005.

Capítulo 2
Análise Fatorial

A concepção inicial da análise fatorial deve ser creditada a Charles Spearman que introduziu, com artigo publicado em 1904, os fundamentos dessa relevante ferramenta estatística, abrindo uma nova avenida de fecundas investigações científicas, com o aparecimento do requintado conceito de variável latente. Em fins de década de 1920 e início da década de 1930, a análise fatorial experimentou significativo desenvolvimento com as contribuições de Louis Leon Thurstone.

À análise de fator interessa investigar se as covariâncias ou correlações de um conjunto de variáveis observadas podem ser explicadas em termos de um número menor de construtos não observados denominados variáveis latentes ou fatores comuns[1].

Mais especificamente, a análise fatorial exploratória investiga se as covariâncias ou correlações entre um conjunto de **n** variáveis observadas (x_1, x_2, ..., x_n) podem ser explicadas em termos de número menor, **m**, de variáveis latentes não observadas ou fatores comuns (A, B,..., M), onde **m<n**.

Convém destacar que a análise fatorial trabalha com uma hipótese fundamental acerca da estrutura de covariância (ou correlação) das variáveis, qual seja: existe um conjunto de **m** variáveis latentes que explica as inter-relações entre as variáveis, embora não explique toda sua variância[2].

Em termos analíticos, o modelo de análise fatorial pode ser escrito da seguinte forma:

$$X_1 = a_1 A + b_1 B + ... + m_1 M + u_1 U_1$$

$$X_2 = a_2 A + b_2 B + ... + m_2 M + u_2 U_2$$

....

$$X_n = a_n A + b_n B + ... + m_n M + u_n U_n$$

Onde:

1) $X_1, X_2, ..., X_n$ representam escores padronizados de **n** variáveis observadas;

2) A,B,...,M representam **m** fatores comuns (**m<n**) que são variáveis randômicas, as quais não podem ser observadas nem mensuradas diretamente, mas que variam, assim como as variáveis observadas, de indivíduo para indivíduo;

---

[1] A análise fatorial é mais apropriada do que a análise de componentes principais, quando se acredita que há variáveis latentes subjacentes às variáveis observadas.

[2] A análise de componentes principais supõe que os componentes explicam toda variância do conjunto de dados.

3) a_i, b_i, ...,m_i (i = 1, 2,...,n) representam as cargas fatoriais das **n** variáveis nos **m** fatores comuns. A carga fatorial corresponde à correlação entre a variável observada e o fator comum;

4) U_1, U_2,...,U_m constituem os **n** fatores únicos, os quais não são correlacionados com os fatores comuns, nem entre si;

5) $u_1,u_2,...,u_m$ representam os pesos dos **n** fatores únicos.

Na análise fatorial, o interesse está centrado principalmente nos fatores comuns, que são interpretados em relação às variáveis observadas.

Existe um diferente conjunto de escores (X_1, X_2, ...,X_n; U_1, U_2,...,U_m) para cada indivíduo da amostra. Entretanto, as cargas fatoriais (a_1, a_2,...,a_n; $b_1,b_2,...,b_n$; ...;$m_1,m_2,...,m_n$) e os pesos dos fatores únicos ($u_1,u_2,...,u_m$) são os mesmos para todos os indivíduos.

Considere a correlação entre duas variáveis observadas, supondo, para fins de simplificação, um único fator comum subjacente (A) que explique a covariância entre elas:

$$X_1 = a_1 A + u_1 U_1$$

$$X_2 = a_2 A + u_2 U_2$$

Supõe-se que A, U_1 e U_2 são variáveis não observadas. As variáveis U_1 e U_2 são referenciadas como fatores únicos.

Em razão de os fatores não serem observados, não se pode estimar as suas cargas fatoriais, tal como se estimam os coeficientes de regressão linear. Pelo mesmo motivo, é possível fixar, arbitrariamente, posição e escala dos fatores, supondo sejam padronizados, com média zero e desvio-padrão igual a 1. Admite-se, ademais, que não sejam correlacionados, embora essa condição não seja imprescindível.

É sabido que a média ou esperança de uma variável indica a sua tendência central, enquanto o grau de dispersão ou variabilidade dos valores em relação à média é medido pela variância.

Quando a variável é normalmente distribuída, então, as duas estatísticas são suficientes para caracterizar a distribuição de probabilidade da variável.

A covariância entre variáveis padronizadas denomina-se coeficiente de correlação. No sistema linear mostrado anteriormente, a covariância entre X_i e A ocorre porque A é uma fonte de variação compartilhada pelas duas variáveis. Convém notar que inexiste covariância entre A e U_i ou entre U_1 e U_2. Ou seja:

$$COV(A,U_1) = COV(A,U_2) = COV(U_1, U_2) = 0$$

A variação conjunta das variáveis observadas é completamente determinada pelo fator comum; se houver remoção do fator comum, inexistirá correlação entre X_1 e X_2:

A derivação do montante de variância em X_i e a covariância entre X_i e A é possível em razão de X_i ser uma combinação linear de A e U_i.

$$VAR(X_1) = E[X_1 - E(X_1)]^2$$

Como $E(X_1) = 0$, tem-se que:

$$VAR(X_1) = E(X_1)^2$$

$$VAR(X_1) = E(a_1A + u_1U_1)^2$$

$$VAR(X_1) = E[a_1^2A^2 + u_1^2U_1^2 + 2a_1u_1AU_1]$$

$$VAR(X_1) = a_1^2E(A^2) + u_1^2E(U_1^2) + 2a_1u_1E(AU_1)$$

$$VAR(X_1) = a_1^2VAR(A) + u_1^2VAR(U_1) + 2a_1u_1COV(A,U_1)$$

Considerando que $COV(A,U_1) = 0$

Tem-se que:

$$VAR(X_1) = a_1^2VAR(A) + u_1^2VAR(U_1)$$

Na medida em que $VAR(A) = VAR(U_1) = VAR(X_1) = 1$, pode-se escrever que:

$$a_1^2 + u_1^2 = 1$$

A *comunalidade* (h^2) de uma variável observada é simplesmente o quadrado da carga fatorial da variável, ou seja, o quadrado da correlação entre a variável e o fator comum, a qual representa a proporção da variância na variável observada que é determinada pelo fator comum.

Convém observar que a aceitação de que $VAR(X_1) = a_1^2 + u_1^2 = 1$, implica dizer que a *comunalidade* é a parcela da variância (a_1^2) que é explicada pela solução de fator.

Analogamente, tem-se que $VAR(X_2) = a_2^2 + u_2^2 = 1$.

No caso de dois fatores comuns ortogonais, os quais, por hipótese, não são correlacionados a U_i, pode-se estabelecer o seguinte:

$a_i^2 + b_i^2 + u_i^2 = 1$

Admitindo-se que a *comunalidade* (h²) é dada por:

$h_i^2 = a_i^2 + b_i^2$

Tem-se que:

$h_i^2 + u_i^2 = 1$

Em outras palavras, a *comunalidade* é a soma de todas as cargas fatoriais ao quadrado de determinada variável X_i em relação a todos os fatores.

Observe também que a VAR(X_i) = $h_i^2 + u_i^2 = 1$

A solução da análise de fator envolve os seguintes dois estágios:

1) Determinação do número de fatores comuns necessários à descrição adequada das correlações entre as variáveis observadas e a estimação de como cada fator se relaciona a cada variável observada, ou seja, estimação das *cargas fatoriais*.

2) Tentativa de simplificar a solução inicial por meio do processo denominado rotação de fator.

A solução inicial é geralmente simplificada com ajuda de processo denominado rotação de fator. A rotação não altera a estrutura global da solução, mas apenas a forma como é descrita. Em outras palavras, a rotação facilita a interpretação da solução, sem que haja modificação de suas propriedades matemáticas fundamentais.

Na maior parte das aplicações, a análise fatorial cessa após estimação dos parâmetros do modelo, rotação dos fatores e sua interpretação.

Todavia, convém observar que, em algumas aplicações, o pesquisador pode estar interessado em descobrir os escores de cada membro da amostra em relação aos fatores comuns.

Aplicação

A autoconfiança do consumidor é definida como a extensão em que o indivíduo se sente capaz e seguro quanto às suas decisões e ao seu comportamento no mercado.

Estudiosos de Marketing postulam que a autoconfiança do consumidor resulta de traços básicos, como auto-estima, além de suas experiências anteriores no mercado, as quais dependem de características pessoais, tais como idade, educação e renda. A auto-estima é a avaliação afetiva global do valor e da importância que o indivíduo atribui a si mesmo (BEARDEN, HARDESTY, ROSE, 2001).

A autoconfiança do consumidor reflete a capacidade percebida do indivíduo em i) tomar decisões efetivas de consumo, e ii) evitar ser enganado ou tratado injustamente.

Consumidores com baixa autoconfiança estão mais sujeitos às circunstâncias ambientais e mais inclinados à tomada de decisão inconsistente do que os consumidores que exibem elevada autoconfiança (BEARDEN, HARDESTY, ROSE, 2001).

A primeira dimensão que reflete a autoconfiança do consumidor é a segurança que deposita em sua capacidade de obter o volume necessário de informação e processá-la corretamente, antes da tomada de decisão.

A segunda dimensão que deixa transparecer a confiança do consumidor diz respeito à constituição de um conjunto de considerações originadas de sua capacidade para identificar alternativas plausíveis de escolha entre marcas e produtos. Essa dimensão é consistente com a heurística frequentemente empregada, na qual os consumidores filtram um grande número de alternativas disponíveis, tais como marcas, para dispor de um conjunto relevante de alternativas que seja mais fácil de ser administrado, procedimento esse usualmente rotulado como conjunto de consideração (BEARDEN, HARDESTY, ROSE, 2001).

A terceira dimensão é a consciência de persuasão que reflete a confiança do consumidor em seu conhecimento quanto às táticas empregadas pelos profissionais de marketing, com a finalidade de persuadir os consumidores a comprarem determinada marca ou produto. Essa dimensão da autoconfiança do consumidor reflete a sua convicção de que anteciparná as táticas daqueles profissionais para neutralizá-las. Assim, essa dimensão reconhece que a autoconfiança do consumidor inclui a sua capacidade de perceber e compreender a relação de causa e efeito que determina o comportamento dos profissionais de marketing, com a finalidade de lidar com essas tentativas de persuasão.

Com intuito de implementar estratégias de marketing mais eficientes, o proprietário de renomada consultoria de marketing, cuja vida acadêmica foi marcada pela produção profícua de notáveis contribuições à teoria de Marketing, decidiu testar a existência das aludidas dimensões de autoconfiança, com o objetivo de compreender com maior profundidade os fundamentos que alicerçam o comportamento do consumidor. O problema foi discutido com o diretor de marketing.

Consultado acerca da melhor ferramenta estatística para tratamento dos dados, o assessor estatístico da diretoria de marketing recomendou a aplicação da análise fatorial, imaginando, preliminarmente, que seriam extraídos três fatores, cada um dos quais representando uma dimensão de autoconfiança.

O gerente de pesquisa de marketing ficou encarregado da elaboração do questionário, estruturado a ser aplicado aos respondentes da amostra. Após discussão com os componentes de sua equipe, o aludido gerente concluiu que o questionário deveria ser constituído de 11 itens, os quais deveriam ser desenvolvidos com a finalidade de avaliar cada uma das distintas facetas fundamentais de cada dimensão da autoconfiança.

Considerando cada item do questionário uma variável observada x_i, i = 1,...,11, a tabela 1 mostra a distribuição de itens por dimensão de autoconfiança.

Tabela 1. *Distribuição de itens por dimensão de autoconfiança.*

Itens	Quantidade	Dimensão
x_1, x_2, x_3	3	Processamento
x_4, x_5, x_6, x_7	4	Filtragem
x_8, x_9, x_{10}, x_{11}	4	Persuasão

Optou-se, na oportunidade, pelo emprego da escala Likert, com 5 alternativas de resposta. O questionário estruturado foi aplicado à amostra de 220 respondentes.

Com base nessas informações, vamos trilhar a mesma trajetória de processamento das informações seguida pelo assessor estatístico até as conclusões finais que foram discutidas pelo diretor de marketing com o proprietário da consultoria.

Com os dados tabulados no *Statistical Package for the Social Sciences* (SPSS), inicie a análise de fator, clicando, consecutivamente, [*Analyse*]; [*Dimension Reduction*]; e [*Factor*] (Figura 1).

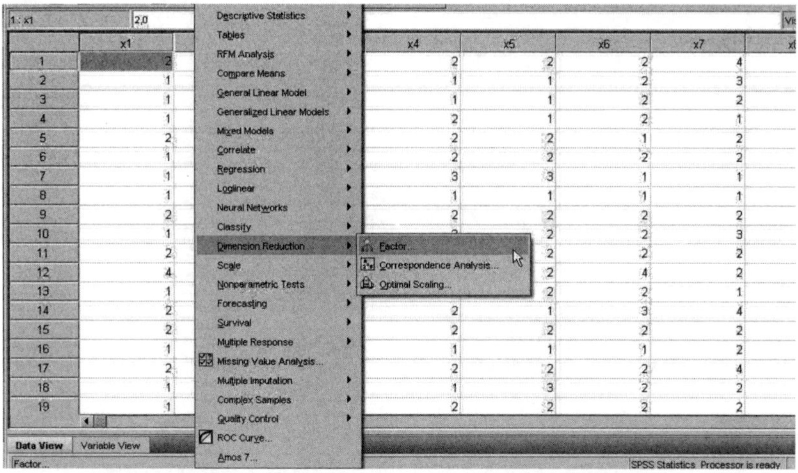

Capítulo 2 – Análise Fatorial • 35

Figura 1. Procedimento inicial para realização de análise fatorial.

Em seguida, são selecionadas as variáveis (Fig. 2).

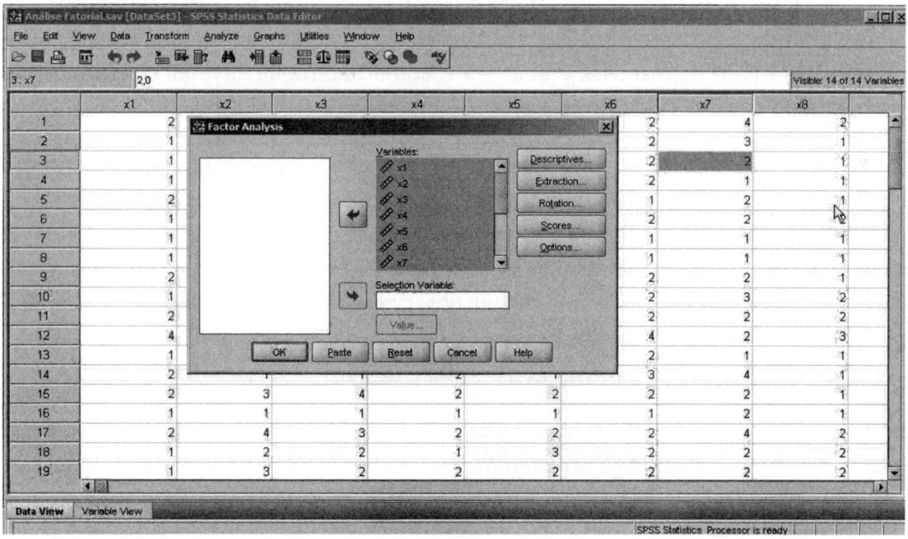

Figura 2. Seleção das variáveis sob análise.

Clique [*Descriptives*]. Em *Matrix Correlation*, assinale ou deixe assinalado: [*Initial Solution*]; [*Coefficients*];[*Determinant*]; [*KMO*]; e [*Bartlett's test of sphericity*]. Clique [*Continue*] (Figura 3).

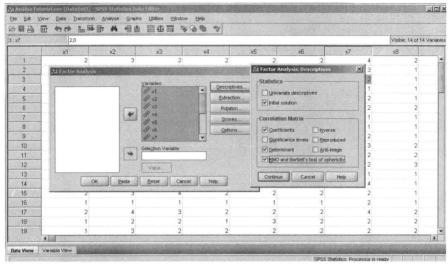

Figura 3. Informações descritivas.

O SPSS se refere à análise de fatores como *Principal axis factoring*. Em análise de fatores comuns, é possível escolher entre matriz de covariância e matriz de correlação. Com escala Likert de resposta, é possível escolher matriz de covariância, embora se tenha optado por matriz de correlação.

Distintas abordagens são empregadas em análise do fator comum para determinar o valor da *comunalidade* que será, inicialmente, considerada na diagonal principal da matriz de correlações. A abordagem conhecida como *Principal axis factoring* insere na diagonal principal da matriz estimativa do quadrado da correlação de cada variável observada com todas as demais variáveis observadas. Em outras palavras, a diagonal principal é constituída das estimativas de *comunalidade*, as quais variam de 0 a 1. A matriz de correlação assim constituída é o ponto de partida para a extração dos fatores[3].

Clique [*Extraction*]. Entre as opções da janela [*Methods*], selecione [*Principal axis factoring*]. Desabilite [*Unrotated factor solution*], sob a caixa *Display*. Assinale [*Eigenvalues over 1*], sob a caixa [*Extraction*]. Clique [*Continue*] (Figura 4).

---

3 O método **Principal axis factor analysis** é, matematicamente, similar ao método de componentes principais. A diferença fundamental entre eles é que, no procedimento **Principal axis factor analysis**, a diagonal principal da matriz de correlação é modificada, uma vez que se substitui a correlação de cada variável consigo mesmo pela correspondente comunalidade, a qual mensura a relação da variável com todas as demais; na **análise de componentes principais**, os elementos da diagonal principal da matriz de correlação são as variâncias das respectivas variáveis, sendo iguais a 1.

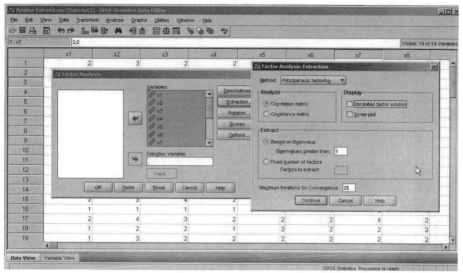

Figura 4. Procedimento para extração de fatores.

A solução inicial não facilita a interpretação e a possibilidade de intitular o fator, o que exige seja adotado, na maior parte dos casos, algum método de rotação. A interpretação é facilitada quando cada variável apresenta carga elevada num único fator e cargas reduzidas nos demais. O SPSS dispõe de vários métodos de rotação que tentam alcançar o aludido objetivo, alguns dos quais produzem fatores ortogonais (*varimax*, *quartimax* e *equamax*), enquanto outros geram solução oblíqua (*direct oblimin* e *promax*). O *varimax* é um método de rotação muito empregado.

Clique [*Rotation*]; assinale [*Varimax*], bem como [*Rotated Solution*]. Clique [*Continue*] (Figura 5).

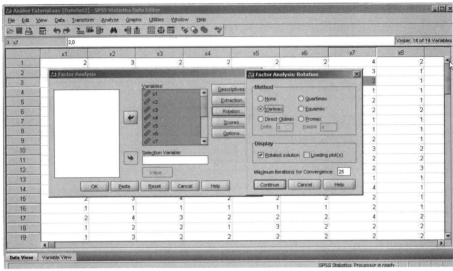

Figura 5. Solução com rotação.

Clique [*Options*]. Assinale [*Sorted by size*]; e [*Supress absolute values less than 0,30*] (observe que é o estudioso quem especifica o nível abaixo do qual não deseja que sejam informadas as cargas fatoriais). Clique [*Continue*] (Figura 6).

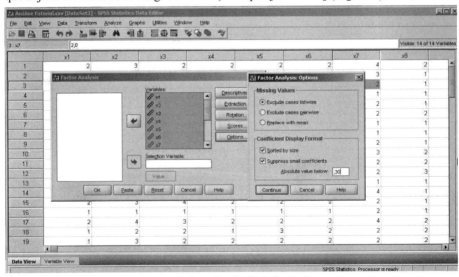

Figura 6. Organização das informações.

Para que a análise seja realizada, clique *OK* (Figura 7).

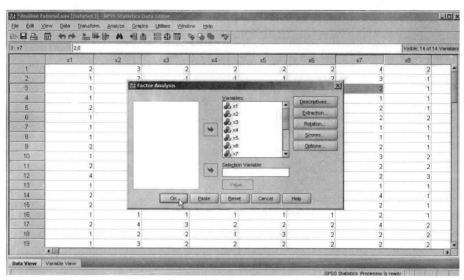

Figura 7. Procedimento final.

Resultados

O SPSS gera várias tabelas de resultados, as quais dependem das opções escolhidas. Observando a ordem de opções que foram feitas anteriormente, os primeiros resultados são encontrados na matriz de correlação (Tabela 2).

Tabela 2. Matriz de Correlações

		x1	x2	x3	x4	x5	x6	x7	x8	x9	x10	x11
Correlation	x1	1,000	0,621	0,623	0,505	0,688	0,412	0,738	0,304	0,316	0,655	0,618
	x2	0,621	1,000	0,362	0,517	0,514	0,272	0,664	0,394	0,309	0,603	0,334
	x3	0,623	0,362	1,000	0,520	0,516	0,348	0,544	0,314	0,196	0,520	0,465
	x4	0,505	0,517	0,520	1,000	0,573	0,343	0,682	0,237	0,108	0,544	0,372
	x5	0,688	0,514	0,516	0,573	1,000	0,585	0,647	0,302	0,237	0,745	0,567
	x6	0,412	0,272	0,348	0,343	0,585	1,000	0,323	0,316	0,213	0,393	0,496
	x7	0,738	0,664	0,544	0,682	0,647	0,323	1,000	0,344	0,139	0,664	0,504
	x8	0,304	0,394	0,314	0,237	0,302	0,316	0,344	1,000	0,555	0,350	0,360
	x9	0,316	0,309	0,196	0,108	0,237	0,213	0,139	0,555	1,000	0,203	0,231
	x10	0,655	0,603	0,520	0,544	0,745	0,393	0,664	0,350	0,203	1,000	0,532
	x11	0,618	0,334	0,465	0,372	0,567	0,496	0,504	0,360	0,231	0,532	1,000
Determinant = 0,002												

As correlações podem ser elevadas, ou seja, acima ou na vizinhança de ± 0,6; elas podem ser muito reduzidas, isto é, estão na vizinhança de zero; ou ainda podem estar situadas em faixa intermediária de valores.

A matriz de correlação mostra o quão forte é a associação de determinada variável com outra variável observada. Correlações elevadas significam que as variáveis envolvidas deverão estar sob influência do mesmo fator. Correlações reduzidas sugerem variáveis que não estão sob influência do mesmo fator. Em nosso exemplo, a matriz de correlação mostra como cada uma das onze variáveis está associada às demais.

O determinante necessita ser maior que zero, uma vez que, se não for, não haverá solução analítica, pois ele define se dada matriz quadrada terá matriz inversa, a qual é fundamental para que sejam realizadas operações com matrizes, notadamente a divisão. A matriz quadrada que não tem inversa é denominada singular. Uma matriz singular ocorre quando o sistema de matrizes é instável.

Sob outra perspectiva, determinante igual a zero reflete a existência de pelo menos uma dependência linear na matriz, o que pode ocorrer quando as respostas de determinado respondente de questionário estruturado constituem réplica exata ou combinação linear das respostas de um segundo respondente. O resultado prático é que a matriz deixa de ser quadrada, isto é, tem mais linhas do que colunas, ou vice-versa.

Em seguida, o SPSS informa o KMO e o teste de esfericidade, de Bartlett (Tabela 3).

Tabela 3. *KMO and Bartlett's Test*

Kaiser-Meyer-Olkin Measure of Sampling Adequacy.		,849
Bartlett's Test of Sphericity	Approx. Chi-Square	397,920
df		55
Sig.		,000

O teste Kaiser-Meyer-Olkin (KMO) avalia se há número suficiente de correlações significativas entre os itens para justificar a realização da análise fatorial, constituindo uma medida global que indica a força da relação entre itens por meio de correlações parciais que representam as correlações entre cada par de itens, após remoção do efeito linear de todos os outros itens. A medida de adequação da amostra (KMO) deve ser superior a 0,70, sendo considerada inadequada a amostra cujo KMO resulte número inferior a 0,60.

O teste de esfericidade de Bartlett testa a hipótese nula de que a matriz de correlação seja uma matriz identidade, ou seja, que inexista relação entre as variáveis observadas. Quanto maiores os valores do teste de Bartlett, maior a probabilidade de que a matriz de correlação não seja matriz identidade, conduzindo à rejeição da hipótese nula.

As informações seguintes exibidas pelo SPSS são as *comunalidades* (Tabela 4).

Tabela 4. *Comunalidades*

	Initial
x1	,748
x2	,578
x3	,486
x4	,547
x5	,715
x6	,425
x7	,737
x8	,467
x9	,407
x10	,659
x11	,504

A *comunalidade* é a proporção da variância de uma variável observada que é explicada pelos fatores extraídos. As suas estimativas variam de 0 a 1. Um valor elevado indica que os fatores extraídos explicam proporção elevada da variância de determinada variável observada. *Comunalidade* zero implica que nenhuma porção da variância é explicada pelos fatores extraídos.

Na Tabela 5, autovalores (ou *eigenvalues* no idioma inglês) referem-se à variância explicada pelo fator; são exibidos os percentuais de variância explicados por cada fator, antes e após o procedimento de rotação. Após a rotação, só são exibidos os fatores com autovalores superiores a 1, conforme solicitado, uma vez que fator cujo autovalor é inferior a 1 explica menos do que seria explicado por uma variável observada.

Tabela 5. *Total Variances Explained*

Factor	Initial Eigenvalues			Rotation Sums of Squared Loadings		
	Total	% of Variance	Cumulative %	Total	% of Variance	Cumulative %
1	5,621	51,096	51,096	4,609	41,899	41,899
2	1,309	11,903	62,999	1,485	13,500	55,399
3	,947	8,609	71,608			
4	,640	5,815	77,423			
5	,583	5,299	82,722			
6	,493	4,479	87,200			
7	,415	3,773	90,973			
8	,386	3,510	94,484			
9	,272	2,473	96,957			
10	,183	1,668	98,625			
11	,151	1,375	100,000			

A matriz de fator editada e com rotação exibe as variáveis agrupadas por cargas elevadas entre fatores (Tabela 6).

Tabela 6. *Rotated Factor Matrix*

	Factor	
	1	2
x7	,848	
x5	,809	
x1	,805	
x10	,789	
x4	,711	
x3	,637	
x2	,626	
x11	,602	
x6	,472	
x9		,774
x8		,682

As informações da tabela 6 possibilitam a interpretação da análise de fator. As cargas fatoriais das variáveis observadas são distribuídas pelos fatores, embora exista um fator no qual se observa carga mais elevada. Esse fator é o que mais fortemente influencia a referida variável. Na realidade, cada fator influencia mais fortemente um conjunto distinto de variáveis, as quais devem ser avaliadas em conjunto, permitindo seja escolhido o título que melhor reflita seu significado. O procedimento de rotação *varimax* distribui as cargas das variáveis por fatores de tal sorte que são eliminadas as cargas intermediárias, possibilitando se perceba claramente qual o fator onde a carga da variável é mais elevada. No caso de nosso exemplo, as variáveis x_1 a x_{11}, excetuando x_8 e x_9, sofrem maior influência do fator 1, uma vez que é nesse fator que suas cargas são mais elevadas. De fato, as cargas dessas variáveis no fator 2 são inferiores a 0,30.

Analogamente, as variáveis x_8 e x_9 sofrem maior influência do fator 2, já que é nesse fator que as cargas dessas variáveis são mais elevadas. A influência que essas variáveis sofrem do fator 1 não é significativa, já que suas cargas fatoriais nesse fator são inferiores a 0,30.

Embora arbitrariamente estabelecida, a carga de 0,30 constitui, na prática, uma boa fronteira entre cargas reduzidas e elevadas.

É importante ressaltar que, no SPSS, o pesquisador pode solicitar a supressão de cargas fatoriais não significativas na matriz de fatores, após rotação, sendo exibidas apenas as cargas significativas, dispostas em ordem decrescente.

Convém observar que não foram extraídos três fatores, conforme era, inicialmente, esperado, mas apenas dois. Segundo a percepção dos respondentes, estão reunidas no mesmo fator duas dimensões, quais sejam: a dimensão relativa à confiança do indivíduo em sua capacidade de obter e processar informação; e a dimensão relacionada à confiança do consumidor em sua capacidade de identificar alternativas plausíveis de escolha entre marcas e produtos. Então, só existiria uma variável latente que consistiria da capacidade de obtenção e processamento da informação, juntamente com a capacidade de identificação de alternativas plausíveis, que representariam, em última instância, facetas de uma mesma dimensão (ou construto). Esse fator (variável latente ou construto) é, entre os dois fatores extraídos, o mais importante.

Ainda em relação a esse primeiro fator, convém notar que há duas variáveis observadas (x_{10} e x_{11}) que não pertencem à dimensão persuasão, mas às demais dimensões. O segundo fator corresponde à consciência de persuasão.

Exercícios

1) Interprete os resultados da análise fatorial aplicada aos dados do arquivo AFE.sav (Anexo 2).

2) Qual é a relevância da rotação em análise fatorial?

3) Examine a veracidade das afirmativas abaixo, apresentando argumentos que fundamentem a sua resposta.

a) O teste de esfericidade de Bartlett testa a hipótese de que a matriz de correlação é uma matriz identidade.

b) O cubo da carga fatorial é idêntico à proporção de variação da variável original que é explicada por determinado fator.

c) A *comunalidade* é a medida de quanto da variância de uma variável é explicada pelos fatores derivados pela análise fatorial.

d) A realização de análise fatorial com seis variáveis observadas possibilita a extração de seis fatores independentes.

e) O critério mais comum na extração de fatores é considerar fatores com autovalores superiores a 1.

f) Somente para soluções constituídas de apenas um fator é possível que seja realizada a rotação para facilitar a interpretação.

Referências

BEARDEN, W.O.; HARDESTY, D.M.; ROSE, R.L. Consumer self-confidence: refinements in conceptualization and measurement. *The Journal of Consumer Research*, v.28, n.1, p.121-134, 2001.

CURETON, E.E.; D'AGOSTINO, R.B. *Factor analysis*: an applied approach. New Jersey: Lawrence, 1983.

FIELD, A. *Discovering statistics using SPSS*. Thousand Oaks: Sage, 2009.

HAIR, J.F; ANDERSON, R.E.; TATHAM, R.L; BLACK, W.C. *Análise multivariada de dados*. Porto Alegre: Bookman, 2005.

HARDLE,W.; SIMAR, L. *Applied multivariate statistical analysis*. New York: Springer, 2007.

KACHIGAN, S.K. *Multivariate statistical analysis*: a conceptual introduction. New York: Radius, 1991.

KLINE, P. *An easy guide to factor analysis*. New York: Routledge, 1994.

RAYKOV, T; MARCOULIDES, G.A. *An introduction to applied multivariate analysis*. New York: Routledge, 2008.

SPICER, J. *Making sense of multivariate data analysis*. Thousand Oaks: Sage, 2005.

Capítulo 3
Análise de Componentes Principais

Introduzida por Pearson (1901) e desenvolvida, na década de 1930, por Hotelling (1933), a análise de componentes principais (ACP) é uma técnica estatística que foi especificamente desenvolvida para reduzir dados, possibilitando o tratamento dos resultados com outras técnicas multivariadas, tal como a análise de regressão logística ou a análise de variância.

A análise de componentes principais é amplamente empregada como técnica de redução da dimensionalidade de dados *multivariados* num número menor de dimensões independentes, sendo comum a ocorrência, convém notar, de falta de exatidão na descrição dos resultados de pesquisa, quando se acredita que a ACP seja substituta perfeita da análise fatorial, uma vez que a primeira não constitui modelo de variável latente (KRISHNAKUMAR e NAGAR, 2008).

De fato, esses dois métodos analíticos têm distintos fundamentos teóricos e abordam o problema de ângulos distintos. A ACP é apenas uma técnica de redução de dados que busca combinações lineares de variáveis observadas, objetivando reproduzir o máximo da variância original dos dados. Inexiste modelo explicativo subjacente nesse método. Por outro lado, a análise de fator postula que os valores observados são funções lineares de um número menor de variáveis latentes (fatores) que são, supostamente, a causa comum que explica a variabilidade das variáveis observadas.

Sendo assim, o principal objetivo da ACP é reduzir a complexidade das inter-relações entre um número potencialmente grande de variáveis observadas a um número relativamente pequeno de combinações lineares com essas variáveis, que resultam nos componentes principais.

Pesquisadores nomeiam os componentes de forma similar àquela empregada na análise fatorial. Contudo, como inexiste, em ACP, hipótese que admite a existência de variável latente subjacente aos itens mensurados, o que significa dizer que toda variância é utilizada em ACP, não se pode garantir que os componentes ortogonais sejam conceitualmente interpretáveis, se o estudo realizado não tiver seus pilares fundamentais assentados em sólido modelo conceitual.

O objetivo da ACP será atingido se um número relativamente pequeno de componentes extraídos possuírem a capacidade de explicar a maior parte da variabilidade nos dados originais. Os componentes principais têm a propriedade adicional de ser independentes entre si, ou seja, de não ser correlacionados.

Os componentes principais y_1, y_2,..., y_n são definidos enquanto combinações lineares não correlacionadas das variáveis observadas originais x_1, x_2, ..., x_p, explicando proporções máximas decrescentes da variação nos dados originais. Ou seja, y_1 explica o montante máximo de variância entre todas as possíveis combinações lineares de x_1,...,x_p; y_2 explica o máximo de variância residual, sob a condição de não ser correlacionado a y_1; e assim sucessivamente.

Analiticamente, os componentes principais são obtidos com base em combinações lineares das variáveis manifestas x_1,...,x_p como se segue:

$$y_1 = a_{11}x_1 + a_{12}x_2 + ... + a_{1p}x_p$$

$$y_2 = a_{21}x_1 + a_{22}x_2 + ... + a_{2p}x_p$$

...

$$y_n = a_{n1}x_1 + a_{n2}x_2 + ... + a_{np}x_p$$

Convém atentar que os coeficientes aij (i =1,...,n; j =1, ...,p) são selecionados, de tal forma que seja observada a condição de variância máxima explicada e a inexistência de correlação entre os componentes.

Há uma restrição que é imposta sobre os coeficientes dos componentes principais: a soma dos quadrados dos coeficientes é 1, o que implica dizer que se emprega, conforme já mencionamos, a variância total de todas as variáveis observadas. Ao empregar toda variância das variáveis, a análise de componentes principais retém toda a informação das variáveis originais, sendo, então, derivados os componentes ortogonais. Mais especificamente, são derivados **n** componentes principais que explicam, aproximadamente, a variabilidade total das **p** variáveis observadas, de tal forma que **n<p**.

Na maior parte das aplicações práticas dos componentes principais, a análise é baseada na matriz de correlação, considerando-se variáveis padronizadas, na medida em que as variáveis originais apresentam, com frequência, escalas distintas que podem comprometer a combinação linear entre elas.

Quando se conduz a análise de componentes principais, a primeira peça de informação que se recomenda examinar é o teste de esfericidade de Bartlett. Esse teste avalia, no conjunto de dados analisados, se existe evidência que corrobore a hipótese nula de que a matriz de correlação da população seja uma matriz identidade. De acordo com essa hipótese, as variáveis analisadas não são relacionadas entre si. Se existir independência entre as variáveis, o número de componentes principais e o de variáveis analisadas devem ser necessariamente iguais para explicar a variabilidade nos dados. Portanto, nenhuma redução nos dados seria obtida com a aplicação da análise de componentes principais.

Assim, a ACP só alcança êxito, enquanto procedimento analítico para redução de informações, se existir redundância nos dados analisados, ou seja, se houver expressiva inter-relação entre as variáveis originais. Em outros dizeres, a ACP busca explicar ou reproduzir, tal como a análise fatorial, a matriz de correlação, o que não faria sentido se todas as correlações estivessem na vizinhança de zero. As variáveis de um mesmo componente são frequentemente consideradas formas similares para expressar aquela dimensão e, portanto, devem exibir correlações significativas entre si, variando de |0,30| a |0,70|. Convém observar que, embora se espere uma correlação expressiva entre as variáveis observadas de um mesmo componente, quando a correlação excede |0,90|, podem ocorrer problemas de colinearidade.

A medida Kaiser-Meyer-Olkin de adequação da amostra testa se as correlações parciais entre variáveis são pequenas, após remoção do efeito linear dos demais itens, pois, se isso for observado, os itens compartilham componentes comuns. Quanto mais próximo de 1 estiver o valor do KMO, mais apropriado o emprego da análise de componentes principais, sendo inaceitável quando é inferior a 0,60.

Realizada a ACP, o primeiro componente, sem rotação, fornece o mais simples resumo das variáveis. Todavia, a matriz sem rotação não possibilita, na maioria dos casos, a identificação clara dos componentes.

A matriz de componentes com rotação, a qual possibilita uma melhor leitura dos componentes, pode ser obtida com as variáveis classificadas por magnitude de carga, suprimindo-se as cargas inferiores a |0,30|. A identificação dos componentes é facilitada quando as cargas fatoriais são iguais ou superiores a |0,30| entre as variáveis de um componente e próximas de zero entre as variáveis de diferentes componentes, já que os componentes são supostamente ortogonais.

Para que o resultado da ACP seja confiável, é necessário que o número de observações randomicamente selecionadas seja cinco vezes o número de variáveis, considerando o mínimo de 100 observações.

O SPSS não tem um programa específico para realizar ACP, sendo opção que aparece entre os métodos disponíveis para realização de análise fatorial.

Apesar da utilidade, a ACP tem restrições. A mais importante é que não separa erros de mensuração da variância compartilhada. Portanto, os componentes extraídos tendem a sobre-estimar os padrões lineares das relações entre conjuntos de variáveis.

Aplicação

A lei dos direitos do consumidor norte-americano coroou, em 1960, o movimento *consumerista*. No Brasil, a Lei 8.078, de 11.9.1990, instituiu o Código de Proteção e Defesa do Consumidor. Entre os direitos absolutos e invioláveis do consumidor, convém sejam destacados os seguintes:

Direito à Segurança (**DS**) consubstanciado na proteção contra produtos ou serviços que sejam prejudiciais à saúde ou à vida.

Direito à Informação (**DI**) para que a escolha possa ser fundamentada, o que implica dizer que devem ser coibidas declarações fraudulentas, enganosas ou incorretas.

Direito de Escolha (**DE**) entre uma diversidade de produtos e serviços a preços competitivos.

Direito à Reparação (**DR**) quando o produto ou serviço não atende as necessidades e outras condições esperadas com seu uso, devendo ser pronta e justa a indenização ou a reparação do dano.

Para fins de ilustração, suponha que tenha sido realizada pesquisa de *survey* entre 200 clientes de 10 lojas do setor varejista. Os dados foram coletados por meio de questionário autoadministrado, o qual foi constituído de questões estruturadas em escala Likert de sete alternativas de resposta. Para cada categoria de direito sob proteção, foram desenvolvidas três questões que supostamente correspondem a seus atributos constituintes.

Com os dados tabulados no SPSS, inicie a análise, clicando, consecutivamente, [*Analyse*]; [*Dimension Reduction*]; e [*Factor*] (Figura 1).

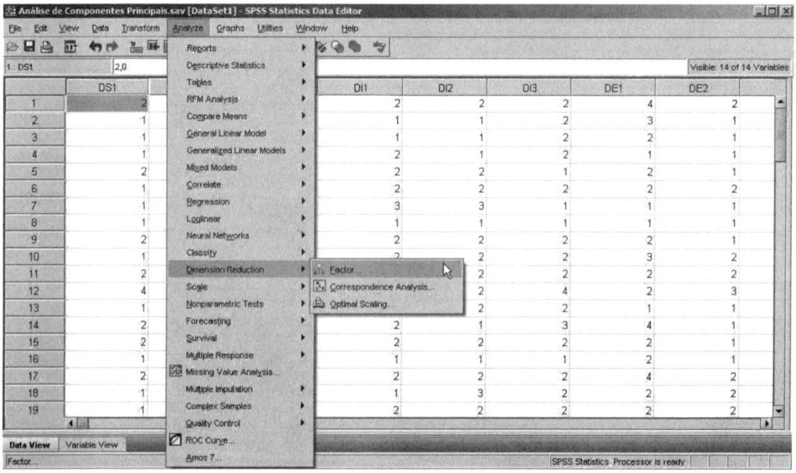

Figura 1. Procedimentos iniciais para realização da análise de componentes principais.

Em seguida, as variáveis observadas devem ser selecionadas (Figura 2).

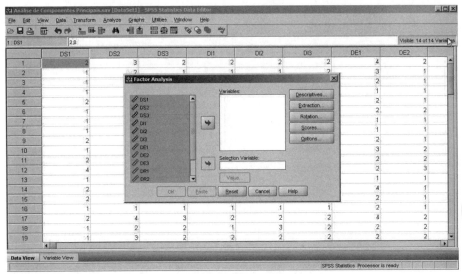

Figura 2. Seleção de variáveis.

Clique [*Descritives*] (Figura 3).

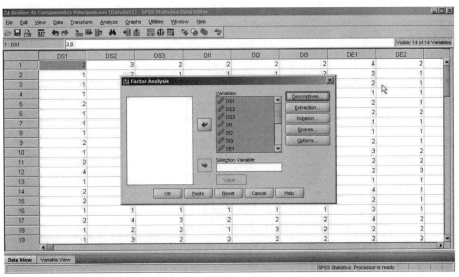

Figura 3. Descriptives.

Assinale *Univariate descriptive*, em *Statistics*; e *KMO and Bartlett's test of sphericity*, em *Correlation Matrix*. Clique [*Continue*] (Figura 4).

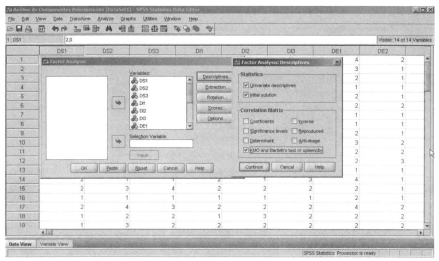

Figura 4. Cálculo de estatísticas descritivas univariadas e realização de testes.

O SPSS se refere à análise de componentes principais como *Principal components*. Pressione [*Extraction*]. Na janela *Factor Analysis: Extraction*, deixe assinalada *Principal components*, pois essa opção é *default*. Deixe habilitadas a opção *Unrotated solution*, e *Eingenvalues over 1*, sob a caixa *Extract*. Clique [*Continue*] (Figura 5).

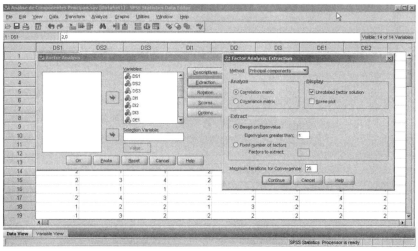

Figura 5. Extração de fatores.

Clique [*Rotation*]; assinale [*Varimax*]; bem como [*Rotated Solution*]. Clique [*Continue*] (Figura 6).

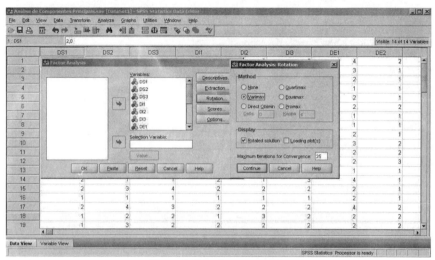

Figura 6. Solução com rotação.

Clique [*Options*]. Assinale *Sorted by size*; e *Supress absolute values below 0,30*. Clique [*Continue*] (Figura 7).

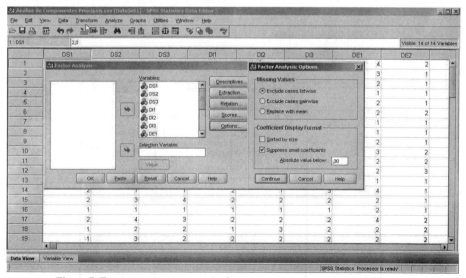

Figura 7. Formato para apresentação das cargas e tratamento de dados perdidos.

Para realização da análise, clique [OK] (Figura 8).

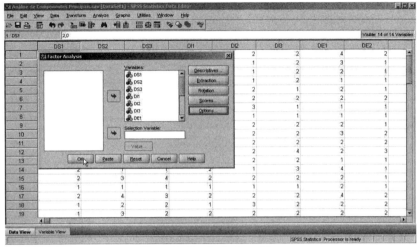

Figura 8. Conclusão da análise.

Resultados

A tabela 1 mostra o conjunto de variáveis observadas, a média e o desvio-padrão de cada uma, bem como o número de observações que se empregou no cômputo de cada estimativa descritiva. Na realidade, é possível verificar que a pesquisa foi constituída de 200 respondentes, os quais responderam todos os itens do questionário.

Tabela 1.*Descriptive Statistics*

	Mean	Std. Deviation	Analysis N
DS1	4,15	1,206	200
DS2	3,76	1,174	200
DS3	4,01	1,156	200
DI1	4,02	1,160	200
DI2	3,91	1,122	200
DI3	3,74	i,150	200
DE1	3,43	1,309	200
DE2	3,61	1,333	200
DE3	3,30	1,291	200
DR1	3,77	1,182	200
DR2	4,26	1,179	200
DR3	4,10	1,259	200

A medida de adequação da amostra (**MSA**) superior a 0,70 atesta que há correlações significativas suficientes para realizar a análise de componentes principais, ao passo que o teste de esfericidade de Bartlett rejeita a hipótese de que a matriz de correlação seja uma matriz identidade (Tabela 2).

Tabela 2: *KMO and Bartlett's Test*

Kaiser-Meyer-Olkin Measure of Sampling Adequacy.	,807
Bartlett's Test of Sphericity Approx. Chi-Square	1491,766
df	66
Sig.	,000

A *comunalidade* é a proporção da variância de uma variável observada que é explicada pelos componentes extraídos. Variando de 0 a 1, quanto mais elevada é a sua magnitude, maior a proporção da variância de determinada variável que é explicada pelos componentes.

Em razão de ser tão dependente da variância total, a ACP exige tipicamente que as variáveis que estão sendo examinadas sejam baseadas em unidades similares de medida. É costume, portanto, padronizar as variáveis, de tal forma que suas médias sejam iguais a 1,00. Em nosso exemplo, os itens do questionário não foram submetidos à padronização normal, já que foram mensurados, de forma similar, com escala Likert, de 7 alternativas. Logo, as variáveis observadas compartilham escalas de medida similares ou padronizadas de mensuração. A alternativa inicial da *comunalidade* (a variância que todas as variáveis observadas e componentes compartilham em comum) é, portanto, 1, sendo esse o valor que é, inicialmente, disposto na diagonal da matriz de correlação.

A Tabela 3 atesta que as *comunalidades* associadas a cada variável observada são razoáveis.

Tabela 3. *Communalities*

	Initial	Extraction
DS1	1,000	,872
DS2	1,000	,840
DS3	1,000	,840
DI1	1,000	,795
DI2	1,000	,810
DI3	1,000	,738
DE1	1,000	,865
DE2	1,000	,882
DE3	1,000	,750
DR1	1,000	,696
DR2	1,000	,787
DR3	1,000	,851

O autovalor representa o montante de variância de todos os itens que pode ser explicada por um determinado componente. Em ACP, todos os autovalores necessitam ser superiores a 0, pois representam o montante de variância explicada nos itens que estiverem associados a um determinado componente principal. Se essa condição for atendida (ou seja, se todos os autovalores associados à determinada matriz de correlação for superior a 0), a matriz sob análise é dita ser positivamente definida, estando, portanto, em condições de ser submetida a ACP. O valor positivo máximo que um autovalor pode assumir é o montante total de variância disponível para os itens na matriz de correlação. Em nosso exemplo, há 12 itens com variância individual igual a 1. Portanto, o valor máximo para qualquer autovalor é 12.

Quando os autovalores estão na vizinhança de 0, há forte possibilidade de que exista *multicolinearidade* entre as variáveis ou que a matriz de correlação seja singular, o que torna questionável o emprego da ACP.

Tal como na análise fatorial, a tabela 4 exibe os autovalores relativos à variância explicada pelo componente; são exibidos os percentuais de variância explicados por cada componente, antes e após o procedimento de rotação. Após a rotação, só foram exibidos os componentes com autovalores superiores a 1, conforme solicitado, uma vez que o componente com autovalor inferior a 1 explica menos do que seria explicado por uma variável observada.

Em nosso exemplo, o mesmo conjunto de quatro componentes selecionados com base na regra que exige autovalor superior a 1 também seria escolhido caso a regra prática seguida fosse aquela que postula a inclusão de componentes até que sejam explicados não menos de 80% de variância total (KOZIOL e HACKE, 1990).

Tabela 4. *Total Variance Explained*

Component	Initial Eigenvalues			Extraction Sums of Squared Loadings			Rotation Sums of Squared Loadings		
	Total	% of Variance	Cumulative %	Total	% of Variance	Cumulative %	Total	% of Variance	Cumulative %
1	4,640	38,671	38,671	4,640	38,671	38,671	2,519	20,988	20,988
2	2,511	20,921	59,592	2,511	20,921	59,592	2,510	20,920	41,908
3	1,407	11,728	71,320	1,407	11,728	71,320	2,365	19,706	61,613
4	1,167	9,729	81,049	1,167	9,729	81,049	2,332	19,435	81,049
5	,480	3,997	85,046						
6	,394	3,285	88,331						
7	,332	2,769	91,100						
8	,276	2,297	93,397						
9	,265	2,211	95,608						
10	,210	1,748	97,356						
11	,173	1,441	98,797						
12	,144	1,203	100,000						

É com base nos *autovetores* que os componentes principais de uma matriz de correlação são gerados. Em nosso exemplo, a existência de 12 *autovetores* não triviais possibilita a geração de 12 componentes principais, cada um dos quais contendo 12 cargas fatoriais.

A extração de componentes principais de uma matriz de correlação é um procedimento desenhado de tal forma que o primeiro componente é uma combinação linear das variáveis originais que explicam o montante máximo de variância entre elas. Considere o primeiro componente principal. Este componente é uma função linear das variáveis originais. Essa função linear é, aparentemente, similar à regressão múltipla, exceto pelo fato de que não há intercepto. O primeiro componente principal maximiza o montante de variância total explicada. Ou seja, nenhuma outra função linear pode explicar mais do que a variância total explicada pelo primeiro componente principal. Formalmente, a função linear ou o componente principal é referenciado como um *autovetor*. O primeiro componente principal é o primeiro *autovetor*. O montante total de variância que é explicada pelo *autovetor* se denomina *autovalor*. Se o *autovetor* tiver, hipoteticamente, *autovalor* igual a quatro, o componente explicará montante total de variância equivalente a 4 variáveis originais. Em outras palavras, o autovalor para o primeiro componente é a soma das cargas fatoriais quadráticas associadas àquele componente e representa o montante de variância das variáveis originais que pode ser explicado pelo primeiro componente. As cargas fatoriais do primeiro componente representam a correlação de cada variável observada da matriz de correlação com o primeiro componente.

Como o primeiro *autovetor*, o segundo componente é uma função linear das variáveis originais. Também ele maximiza o montante explicado da variância remanescente. Todos os *autovetores* são independentes, inexistindo correlação entre eles, o que significa dizer que são, geometricamente, perpendiculares entre si.

O segundo componente principal é obtido segundo a aplicação de abordagem similar à extração do primeiro componente, salvo que, em vez de ser obtido com base na matriz de correlação original, é calculado da matriz residual que permanece após a remoção dos efeitos do primeiro componente principal.

Na medida em que o segundo componente é obtido da matriz de correlação residual, ele não é correlacionado ao primeiro componente, ou seja, o segundo componente é ortogonal ao primeiro, respondendo pela segunda maior proporção de variância remanescente entre os itens.

Esse processo de extração de componentes a partir de matrizes residuais ocorre sucessivamente até que os elementos na matriz residual de variância-covariância sejam reduzidos a erros randômicos. Há tantos componentes principais quanto são as variáveis originais, sendo a soma da variância explicada (ou seja, os autovalores) entre todos os componentes igual à soma das variâncias das variáveis originais.

Contudo, quando o número de variáveis é grande, a maior parte da variância é explicada por um número relativamente pequeno. Isso implica que os autovalores para os primeiros poucos componentes seriam maiores e os últimos autovalores seriam relativamente menores.

Assim, em lugar de se trabalhar com 12 variáveis observadas em outras técnicas analíticas, é possível empregar apenas quatro componentes que explicam mais de 81% da variância total original.

A tabela 5 mostra as cargas fatoriais antes da rotação, o que geralmente dificulta a identificação das variáveis observadas mais importantes na constituição dos componentes.

Tabela 5. Component Matrix

	Component			
	1	2	3	4
DS1	,762			-,387
DS3	,744		,339	-,364
DS2	,732		,309	-,391
DI2	,675	-,368		,464
DR3	,670		-,549	
DR2	,649		-,587	
DR1	,622		-,519	
DI3	,613	-,432		,419
DI1	,605	-,449		,473
DE2	,377	,808		
DE1	,401	,765	,317	
DE3	,462	,678		

A tabela 6 possibilita a identificação das variáveis relevantes na definição do componente. As cargas fatoriais das variáveis observadas superiores a |0,30| são distribuídas pelos componentes, possibilitando a identificação do componente no qual cada variável apresenta carga fatorial elevada. Observe que a carga fatorial de 0,30 implica que a variável e o componente compartilham $(0,30)2 = 9\%$ de variância.

O procedimento de rotação **Varimax** distribui as cargas das variáveis por componentes de tal sorte que são eliminadas as cargas intermediárias, possibilitando se perceba claramente qual o componente onde a carga da variável é mais elevada. Como o componente é notadamente influenciado pelas variáveis que exibem cargas fatoriais elevadas, são essas variáveis que mais participam na definição do componente. No caso de nosso exemplo, as variáveis DS1, DS2, e DS3 são as que mais influenciam a definição do componente 1, enquanto DE1, DE2 e DE3 estão mais associadas ao segundo componente. O mesmo raciocínio pode ser estendido aos componentes 3 e 4.

Tabela 6. Rotated Component Matrix

	Component			
	1	2	3	4
DS1	,879			
DS2	,874			
DS3	,868			
DE2		,927		
DE1		,920		
DE3		,840		
DI1			,862	
DI2			,854	
DI3			,815	
DR3				,878
DR2				,853
DR1				,798

Exercícios

1) Interprete os resultados da análise de componentes principais quando aplicada aos dados do arquivo ACPE.sav (Anexo 3).

2) Explique a finalidade e os postulados que norteiam a análise de componentes principais.

3) Quais são as principais diferenças entre a análise de componentes principais e a análise fatorial?

4) Examine a veracidade das afirmativas a seguir, apresentando argumentos que fundamentem a sua resposta.

a) A rotação ortogonal *varimax* objetiva minimizar o número de variáveis com altas cargas num componente.

b) A existência de correlação entre os dados impossibilita a realização da análise de componentes principais.

c) Apenas variáveis categóricas, com escala ordinal, podem ser tratadas com análise de componentes principais, pois a sua métrica independe das unidades de medida utilizadas.

d) Admite-se, em análise de componentes principais, que a resposta de um respondente não influencie a resposta dos demais, impossibilitando, assim, a existência de correlação entre as variáveis.

e) As variáveis latentes da análise de componentes principais necessitam de padronização para que inexista viés nos testes de significância estatística.

f) O afastamento pronunciado de normalidade constitui condição necessária à realização da análise de componentes principais.

Referências

CURETON, E.E.; D´AGOSTINO, R.B. *Factor analysis*: an applied approach. New Jersey: Lawrence, 1983.

HAIR, J.F.; ANDERSON, R.E.; TATHAM, R.L.; BLACK, W.C. *Análise multivariada de dados*. Porto Alegre: Bookman, 2005.

HARDLE, W.; SIMAR, L. *Applied multivariate statistical analysis*. New York: Springer, 2007.

HOTELLING, H. Analysis of a complex of statistical variables into principal components. *Journal of Educational Psychology*, v.24, p.417-441, 1933.

KACHIGAN, S.K. *Multivariate statistical analysis:* a conceptual introduction. New York: Radius, 1991.

KOZIOL, J.A.; HACKE, W. Multivariate data reduction by principal components, with application to neurological scoring instruments. *Journal of Neurology*, v.237, p.461 – 464, 1990.

KRISHNAKUMAR, J.; NAGAR, A.L. On exact statistical properties of multidimensional indices based on principal components, factor analysis, MIMIC and structural equation models. *Springer Science*, v.86, p.481-496, 2008.

RAYKOV, T; MARCOULIDES, G.A. *An introduction to applied multivariate analysis*. New York: Routledge, 2008.

SPICER, J. *Making sense of multivariate data analysis*. Thousand Oaks: Sage, 2005.

Capítulo 4
Análise de Variância

Com os pré-socráticos, foi abandonada a explicação mágica ou mítica dos acontecimentos. A busca voltou-se à identificação do nexo causal, objetivando melhor compreensão da realidade. Entender a mudança e o movimento era, pois, fundamental, conforme postulava Heráclito de Éfeso: "Não podemos banhar-nos duas vezes no mesmo rio, porque o rio não é mais o mesmo" (MARCONDES, 1998, p.35).

O pensamento científico tem sua gênese com os pré-socráticos. Acompanhar a trajetória da mudança é o primeiro estágio para investigação de suas causas determinantes. Mensurar a variabilidade do evento é de fundamental importância para identificação das fontes de variação.

Imaginemos que determinado indivíduo apresente quadro clínico caracterizado por febre muito elevada, cuja continuidade lhe será nefasta. Embora tenha parado de subir, a febre estacionada em 41°C provocará sua morte. Consultada pela mãe do rapaz, uma velha feiticeira recomendou que lhe administrassem chá de erva milagrosa. O jovem tomou o chá, mas sua temperatura permaneceu em 41° C. Nesse contexto, constância representa morte. De fato, com a morte o coração para de bater e a temperatura não se altera. Deixemos de lado a reflexão e voltemos ao doente, pois o tempo não para e a doença debilitante permanece inalterada, enfraquecendo seu organismo. De fato; com a temperatura estacionada em 41° C, aumenta a chance de ocorrência de um colapso fatal.

Em desespero e sem dinheiro, a aludida mãe roga a ajuda de renomado médico. O médico está preocupado em entender o que produziu a variância na temperatura do indivíduo até atingir o patamar de 41° C, para poder, então, ministrar medicação que inverta o sentido da variabilidade. Identificado o nexo causal, o médico prescreve o antibiótico indicado ao combate da infecção, cuja eficácia, em situações análogas, há muito vinha sendo testada com ótimos resultados. A febre inicia sua trajetória descendente, passando a 40°, 39,5°, 38°, 37,5°, 37° até alcançar o patamar de 36,5°C, onde se estabiliza.

Entender as causas que provocam a variabilidade de determinada situação é função da ciência. Porém, antes de identificar causas, é preciso saber mensurar a variabilidade (variância, desvio-padrão, covariância e correlação) nos dados[1].

Convém, então, perguntar: como a variabilidade pode ser mensurada?

Imagine a existência de cinco valores, quais sejam: 14, 16, 13, 15, 17. Se os números fossem todos iguais, esperaríamos extrair 15, a média, caso fôssemos convidados a adivinhar a magnitude de um número escolhido ao acaso entre aqueles.

A média aritmética é uma boa escolha, quando não temos melhor previsão.

---
1 Observe que covariância da variável com ela mesma é a própria variância.

Suponha, em seguida, que nos seja solicitado que calculemos a variabilidade dos dados. A primeira pergunta que formularemos é a seguinte: variabilidade em relação a que parâmetro? Será, então, respondido: variabilidade em relação à média.

Precisamos, então, calcular o desvio dos valores em relação à média. Assim, têm-se os seguintes desvios: -1, 1, -2, 0, 2. Observe que a soma dos desvios em relação à média é zero, o que significa dizer que há quatro graus de liberdade, uma vez que se têm cinco números.

Como a soma dos desvios em relação à média é zero, necessitamos, para que sejam feitas comparações de magnitude positiva, empregar a soma dos desvios quadráticos, qual seja: 10 = 1+ 1+ 4 + 0 + 4.

A variância indica a variabilidade dos cinco números em relação à média, sendo obtida pela divisão entre a soma dos desvios quadráticos (10) e os graus de liberdade (4).

Calculada a variabilidade dos dados, cabe ao procedimento científico identificar as causas que a provocaram.

São postuladas, preliminarmente, hipóteses sobre as aludidas causas. A tradução dessas hipóteses em linguagem matemática define um modelo que, dependendo da natureza (métrica ou não métrica) das variáveis envolvidas, poderá ser testado por meio de ferramenta estatística apropriada. A aceitação do modelo não implica seja verdadeiro, embora seu repetido teste corrobore sua solidez.

O procedimento científico exige, portanto, o teste do modelo por ferramenta adequada, sendo a análise de variância aquela que, dentre as ferramentas estatísticas menos complexas, talvez seja a mais amplamente utilizada. A essência e os procedimentos operacionais empregados em análise de variância serão discutidos a seguir.

Conceitos fundamentais

Antes de apresentarmos os procedimentos operacionais da análise de variância, convém se entenda sua essência por intermédio da discussão de conceitos fundamentais que estão não apenas diretamente associados à análise de variância, mas também presentes, direta ou indiretamente, em distintas ferramentas multivariadas. Esses conceitos essenciais serão apresentados com auxílio de caso ilustrativo.

Renomada consultoria de marketing foi contratada para dinamizar as vendas de tradicional produto alimentício. Especialistas de marketing e *design* desenvolveram nova embalagem para o produto que poderia ampliar sua participação no mercado, **resultando em crescimento de vendas**.

Embora houvesse consenso entre especialistas quanto à necessidade de mudanças na embalagem, havia conflito de opinião quanto às cores empregadas. Alguns consideravam neutras as novas cores escolhidas para a embalagem em relação ao sexo do consumidor; outros advogavam a opinião de que as cores escolhidas não eram neutras, recomendando utilização de conjunto distinto de cores.

Para verificar se as cores da nova embalagem influenciavam, de fato, as decisões de compra, por sexo, decidiu-se ofertar, em supermercado cuidadosamente escolhido, o produto com a nova embalagem, registrando a aquisição de unidades do produto por sexo.

Foram estabelecidos 12 dias para coleta de dados, fixando os seis primeiros dias para registro das compras de mulheres e os seis dias subsequentes para registro das compras dos homens. A tabela 1 registra as observações no período.

Tabela 1: *Unidades do produto adquiridas por sexo*

	Mulheres	Homens
	42	44
	50	48
	38	39
	51	36
	48	40
	47	45
Σ	276	252

Para os especialistas que admitiam a neutralidade das cores sobre as decisões de consumo por sexo, era importante tão somente calcular a média de unidades diárias vendidas, independentemente do sexo. Logo, para esses profissionais, a média seria de 44 unidades [(276 + 252)/2].

Para esses especialistas totalmente céticos em relação à influência do conjunto de cores da embalagem às aquisições por sexo, os desvios em relação à média seriam para mulheres e homens, respectivamente:

-2, 6, -6, 7, 4, 3

0, 4, -5, -8, -4, 1

A soma dos desvios quadráticos seria, portanto, **272**, com 11 graus de liberdade.

Por outro lado, os profissionais que não acreditavam em neutralidade das cores, julgavam que o correto seria realizar cálculo para duas médias e dois conjuntos de desvios quadráticos, uma vez que o comportamento das mulheres seria, por hipótese, distinto do adotado pelos homens.

Para as mulheres, a média seria 46 (276/6); os desvios seriam -4, 4, -8, 5, 2,1; e a soma dos desvios quadráticos seria 126, com 5 (6-1) graus de liberdade.

Para os homens, a média seria 42 (256/6); os desvios seriam 2, 6, -3, -6, -2, 3; e a soma dos desvios quadráticos seria 98, com 5 graus de liberdade.

Considerando os dois grupos conjuntamente, a soma dos quadrados seria **224** (126 + 98), com 10 (5+5) graus de liberdade.

Com objetivo de verificar a existência de diferença entre os dois grupos (homens e mulheres), é necessário integrar os dois resultados, sendo a soma dos desvios quadráticos **48** (= 272 – 224), com 1 (= 11 – 10) grau de liberdade.

Quando a variância entre grupos (homens e mulheres) supera, **com significância estatística**, a variância dentro dos grupos, fica evidenciada a efetiva diferença entre as médias dos grupos.

A variância entre grupos é 48 (48/1), superando, assim, a variância dentro dos grupos, 22,4 (224/10). Cabe, então, investigar se há significância na estatística F calculada de 48/(22,4) = 2,143, considerando 10 graus de liberdade no numerador e 1 grau de liberdade no denominador.

A estatística F mede quantas vezes a variabilidade das médias das amostras supera a variabilidade amostral. O resultado indica que a variabilidade entre os grupos é 2,143 superior à variabilidade das amostras. Se consultarmos a tabela F, com 10 graus de liberdade para o numerador e 1 grau de liberdade para o denominador, observa-se uma magnitude de F = 242 que está associada à significância de 0,05. Para rejeitarmos a hipótese de que as médias são estatisticamente diferentes, o valor de F deve ser maior do que 242. Todavia, o F calculado foi 2,143, o que implica dizer que devemos aceitar a hipótese de que as médias são estatisticamente iguais[2].

Assim, a comparação da variância entre as amostras e dentro delas possibilita extrair conclusões acerca da existência, ou não, de diferença entre suas médias, sendo que a efetiva diferença entre as médias de dois grupos varia inversamente com a dispersão dos valores dentro de cada grupo.

Análise de Variância[3]

O termo análise de variância foi cunhado por Sir Ronald Aylmer Fisher, proeminente estatístico do século XX, que a definiu como a separação de variância atribuível a um grupo de causas da variância imputável a outros grupos.

Em outras palavras, a análise de variância (ANOVA) se refere à técnica que busca dividir a variância total de um conjunto de dados em partes, de tal forma que as contribuições de fontes identificáveis de variação em relação à variação total possam ser determinadas.

Na medida em que a análise de variância foi, inicialmente, aplicada à agricultura, permaneceram algumas definições da referida área, tal como "tratamento" que significa causa ou fonte de variação num conjunto de dados. Caso sejam empregados três tipos de embalagens para incrementar o volume de vendas de determinado produto, cada embalagem é considerada um tratamento.

A análise de variância (ANOVA) é empregada para verificar se há diferença sistemática entre as médias de resultados normalmente distribuídos de experimentos randômicos.

Todos os sujeitos (participantes ou unidades experimentais) de determinado grupo

---

2 Os resultados obtidos com o teste-t são consistentes com os descritos anteriormente.

Independence Sample Test

	Levene's Test for Equality of Variances		t-test for Equality of Means					95% Confidence Interval of the Difference	
	F	Sig.	t	df	Sig.(2-tailed)	Mean Difference	Std; Error Difference	Lower	Upper
Equal variances assumed	,070	,796	1,464	10	,174	4,00000	2,73252	-2,0884	10,08843
Equal variances not assumed			1,464	9,846	,174	4,00000	2,73252	-2,1013	10,10135

O teste de Levene supõe as duas variâncias iguais. Essa hipótese é aceita. O resultado da análise (*t-test for Equality of Means*) indica aceitação de que as médias são iguais (p>0,05). Logo, os defensores da neutralidade de cores estão corretos.

3 Considerando nossa imitação de espaço e na medida em que a Análise de Variância, sob a perspectiva *one-way* ANOVA (ou *one-factor* ANOVA), é extensão direta do teste-t para verificação de diferença entre as médias de dois grupos independentes, excetuando o fato de que, em ANOVA, há mais de dois grupos, decidimos apresentar tão somente a Análise de Variância.

recebem o mesmo tratamento, assegurando que as diferenças sistemáticas entre médias de grupos possam ser atribuídas aos efeitos dos diferentes tratamentos.

A diferença entre duas médias de amostra (médias calculadas com base em dados gerados por dois diferentes tratamentos em experimento randômico) é influenciada por dois componentes independentes, sendo um sistemático, enquanto o outro é randômico.

A desigualdade observada entre as médias também pode ser influenciada por diversos fatores desconhecidos, sendo que alguns fatores estão associados aos sujeitos particulares que estão sob influência de determinado tratamento, enquanto outros contribuem para erros de mensuração. Esses fatores desconhecidos contribuem para a diferença entre as médias de forma aleatória não sistemática.

Quando os resultados do experimento não podem ser adequadamente sintetizados pela média, como ocorre quando a variável dependente é categórica, em vez de contínua, a ANOVA não é apropriada.

Em *one-way* ANOVA há, por hipótese, independência de amostras. Os sujeitos (ou itens) são provenientes da mesma população e são randomicamente alocados em mais de dois grupos. Cada grupo está exposto às mesmas condições, exceto por determinado tratamento que pode ser uma nova embalagem.

Outra hipótese para validade da *one-way* ANOVA é que a variável dependente seja normalmente distribuída dentro de cada grupo.

A terceira hipótese fundamental é que a variância dentro do grupo é a mesma para cada grupo.

As amostras entre grupos não necessitam apresentar o mesmo tamanho, mas é indubitável que o melhor desenho de pesquisa é o que assegura número similar de sujeitos em cada grupo. Entretanto, deve-se alertar para o fato de que tamanhos de amostra inadequados podem gerar resultados sem significância, ainda que existam diferenças reais nas médias populacionais dos grupos. Pequenas amostras tornam a hipótese de normalidade ainda mais relevante, com grande dificuldade de avaliação.

As hipóteses para comparação de médias em *one-way* ANOVA são as seguintes:

$H_0: \mu_1 = \mu_2 = ... = \mu_k$

Ou seja, as médias populacionais de todos os grupos são iguais.

$H_1: \mu_i \neq \mu_j$, para dado $i \neq j$.

As médias populacionais de pelo menos dois grupos são diferentes.

Aplicação

Após ter sido verificada a neutralidade das cores da embalagem sobre a decisão de compra por sexo, o diretor do departamento de marketing e *design* decidiu, com o firme propósito de elevar as vendas de produto tradicional, verificar se existia influência da embalagem sobre vendas. Para tanto, solicitou aos melhores profissionais de seu departamento que encontrassem uma solução para o problema. Após meses de estudo, os profissionais envolvidos com a questão apresentaram três novas embalagens ao diretor para que decidisse qual deveria ser escolhida.

Com profunda convicção de que decisões da esfera de negócios calcadas em intuição eram revestidas de risco inaceitável, o qual poderia colocar em xeque sua reputação e cargo, o diretor determinou fosse realizada análise de variância que lhe permitisse tomar decisão fundamentada.

Amostras de vendas por tipo de embalagem foram coletadas em conhecido hipermercado, no período total de 18 dias, tendo sido estabelecido em seis dias consecutivos, de segunda-feira a sábado, o intervalo de coleta para as vendas associadas a cada tipo de embalagem. A tabela 2 mostra as vendas expressas em R$1mil.

Tabela 2: *Vendas com os três tipos de embalagens (Em R$1mil)*

Vendas com embalagem 0	Vendas com embalagem 1	Vendas com embalagem 2
12,8	12,0	13,1
12,6	12,2	13,3
12,9	12,0	13,0
13,5	11,5	12,8
11,6	11,8	12,6
12,2	12,3	12,9

Para realizar a análise de variância, empregaremos o *Statistical Package for the Social Sciences* (SPSS), uma vez que, além de reunir as principais ferramentas de estatística *multivariada*, é amplamente utilizado pelos pesquisadores das disciplinas de negócios.

72 • Análise Multivariada com o uso do SPSS

Inicialmente, deve ser aberto, no SPSS, o arquivo objeto de análise (Figura 1).

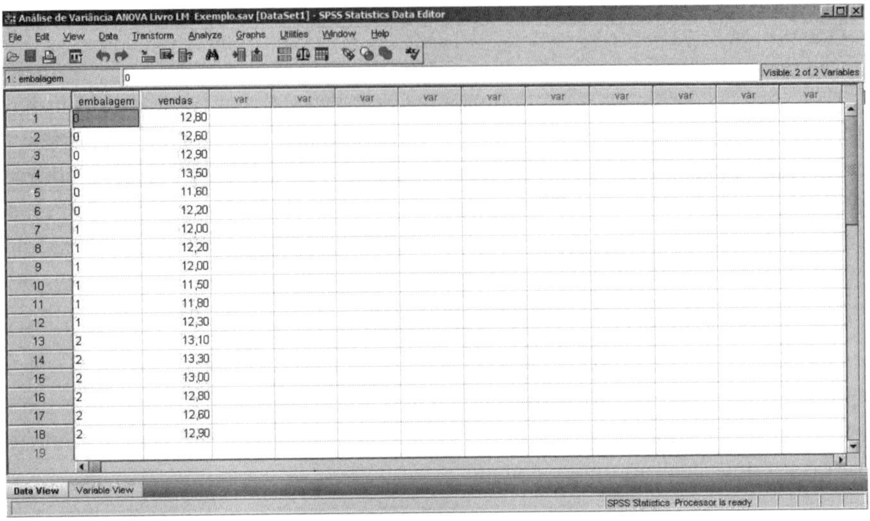

Figura 1. Carregamento do arquivo sob análise.

Clique [*Analyse*]; [*Compare Means*]; e [*one-way ANOVA*] (Figura 2).

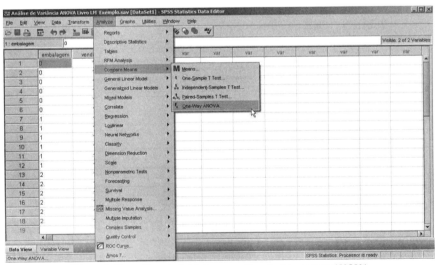

Figura 2. Procedimento inicial para realização de one-way ANOVA.

Em *one-way* ANOVA, transfira embalagem para *Factor* e vendas para *Dependent List* (Figura 3).

Capítulo 4 – Análise de Variância • 73

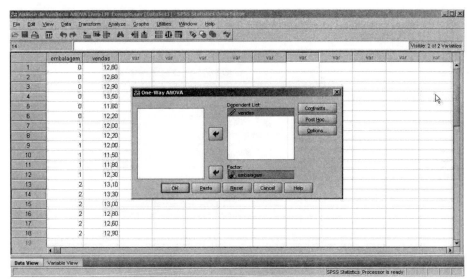

Figura 3. Alocação de variáveis.

Clique *Post Hoc* para selecionar o teste de comparação múltipla de Tukey (Figura 4).

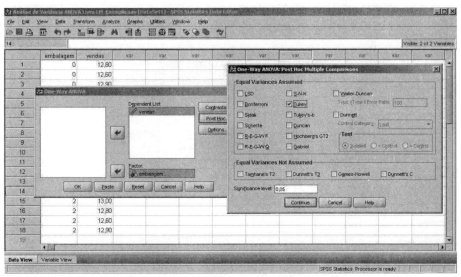

Figura 4. Realização de comparação post hoc.

Clique [*Options*] para selecionar o teste de homogeneidade de variâncias. Clique [Continue] (Figura 5).

74 • Análise Multivariada com o uso do SPSS

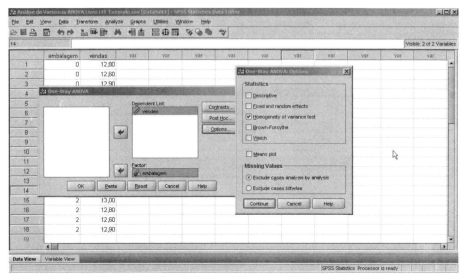

Figura 5. Realização de teste de homogeneidade de variância.

Clique [OK] para concluir a análise (Figura 6).

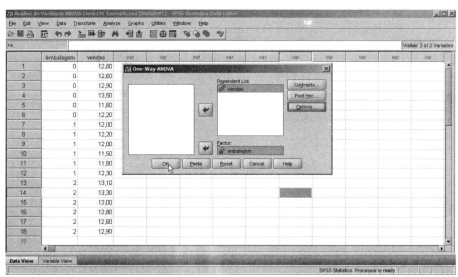

Figura 6. Procedimento para conclusão da análise.

Resultados

A tabela 1 exibe o resultado do teste de Levene para a hipótese nula de que as variâncias dentro dos grupos são homogêneas para todos eles. No estudo em questão, o teste não encontra evidência de violação da hipótese de variâncias homogêneas.

Tabela 1. *Test of Homogeneity of Variances (vendas)*.

Levene Statistic	df1	df2	Sig.
2,126	2	15	,154

A tabela 2 informa o resultado do teste de igualdade de médias, cujo rótulo é teste entre grupos (*between groups*). Nesse caso, a tabela 2 exibe uma estatística F de 7,961, com 2 e 15 graus de liberdade, e **p** = 0,004. Considerando que o valor **p** é menor do que 0,05, a hipótese nula de que todas as médias são iguais deve ser rejeitada, concluindo-se, então, que há diferença entre as médias.

Tabela 2. *ANOVA (vendas)*

	Sum of Squares	df	Mean Square	F	Sig.
Between Groups	2,981	2	1,491	7,961	,004
Within Groups	2,808	15	,187		
Total	5,789	17			

Na medida em que a tabela ANOVA indica diferença global entre médias, com significância estatística, é imprescindível investigar essas diferenças, empregando múltiplas comparações. De fato, quando se obtém resultado significativo do teste F global, os pesquisadores continuam a investigação para determinar os grupos particulares que apresentam médias diferentes. Nesse caso, com três grupos, há três comparações possíveis: embalagens 0 e 1; embalagens 0 e 2; embalagens 1 e 2.

Entre as técnicas disponíveis para múltiplas comparações, selecionamos o procedimento de Tukey. Para o referido procedimento, duas médias são consideradas significativamente diferentes se a diferença absoluta de suas correspondentes médias amostrais for superior a determinado valor de referência.

Verifique que há diferença significativa entre as médias das embalagens 1 e 2, considerando o nível de significância de 5% (tabela 3).

Tabela 3. *Multiple Comparisons* : *Tukey HSD (vendas)*

(I) embala-gem	(J) embala-gem	Mean Difference (I-J)	Std. Error	Sig.	95% Confidence Interval Lower Bound	Upper Bound
0	1	,63333	,24981	,056	-,0156	1,2822
	2	-,35000	,24981	,365	-,9989	,2989
1	0	-,63333	,24981	,056	-1,2822	,0156
	2	-,98333*	,24981	**,004**	-1,6322	-,3344
2	0	,35000	,24981	,365	-,2989	,9989
	1	,98333*	,24981	**,004**	,3344	1,6322

*. The mean difference is significant at the 0.05 level.

As médias das amostras são apresentadas, em ordem ascendente, na tabela 4. Analogamente às informações exibidas na tabela 3, as vendas com as embalagens 1 e 2 são, na tabela 4, significativamente diferentes, ao passo que as outras duas comparações (embalagens 1 e 0; embalagens 0 e 2) não são significativas. De fato, na medida em que as embalagens 1 e 2 não aparecem no mesmo subconjunto, elas são significativamente diferentes entre si (tabela 4).

Tabela 4. *Vendas: Tukey HSD*[a]

Embalagem	N	Subset for alpha = 0.05 1	2
1	6	**11,9667**	
0	6	12,6000	12,6000
2	6		**12,9500**
Sig.		,056	,365

Means for groups in homogeneous subsets are displayed.
a. **Uses Harmonic Mean Sample Size = 6,000.**

Embora não haja diferença significativa entre as médias das embalagens 0 e 2, o diretor de marketing escolheu a embalagem 2 enquanto elemento mais importante do programa estratégico de marketing para ampliação das vendas.

Exercícios

1) Examine a veracidade das afirmativas abaixo, apresentando argumentos que fundamentem a sua resposta.

a) A *one-way* ANOVA testa diferenças numa única variável dependente em relação a mais de dois grupos constituídos pelas categorias da única variável categórica independente.

b) A ANOVA informa se há, ou não, diferenças significativas entre grupos, mas não revela quais grupos são significativamente diferentes entre si. Para tanto, é necessária a realização de comparações *post hoc*.

c) Em *one-way* ANOVA, testa-se a similitude entre grupos formados pelas categorias da variável independente.

d) A *one-way* ANOVA é empregada quando há mais de duas variáveis independentes.

e) Quando os tamanhos das amostras são iguais e as variâncias são homogêneas, é recomendável que se empregue o teste post hoc da diferença honestamente significativa de Tukey.

f) O teste de Levene verifica a homogeneidade de variância entre grupos.

2) Suponha que o saboroso macarrão *light* da marca *Saudável sem Culpa* esteja sendo negociado por preço extremamente competitivo pelo supermercado Pague e Leve, nos três bairros (B1, B2, B3) em que atua.

Com a finalidade de saber se as vendas são estatisticamente iguais nos três bairros, o diretor de vendas da conceituada empresa varejista registrou o volume de vendas, em R$ mil, do aludido macarrão nos sete primeiros dias úteis de janeiro/2009, conforme mostra a tabela abaixo.

Tabela 5. *Vendas do macarrão Saudável sem Culpa (Em R$mil)*

Dia útil	B1	B2	B3
1	91	93	92
2	93	94	87
3	92	90	88
4	89	89	91
5	90	88	93
6	89	90	89
7	91	90	95

Com base nas informações anteriores, responda as perguntas abaixo:

a) Quantos níveis a variável independente possui?

d) Qual é a variável dependente?

Determine se as médias das vendas são estatisticamente iguais entre os bairros.

Informe, se for o caso, os bairros que apresentam médias estatisticamente diferentes.

Referências

FIELD, A. *Discovering statistics using SPSS*. Thousand Oaks: Sage, 2009.

HAIR, J.F; ANDERSON, R.E; TATHAM, R.L; BLACK, W.C. *Análise multivariada de dados*. Porto Alegre: Bookman, 2005.

HO, R. *Handbook of univariate and multivariate data analysis and interpretation with SPSS*. Boca Raton: Chapman, 2006.

KACHIGAN, S.K. *Multivariate statistical analysis: a conceptual introduction*. New York: Radius, 1991.

MARCONDES, D. *Iniciação à história da filosofia*: dos pré-socráticos a Wittgenstein. Rio de Janeiro: Jorge Zahar, 1998.

Capítulo 5
Análise Multivariada de Variância (Manova)

A principal preocupação da análise *multivariada* de variância (MANOVA) é o exame das diferenças entre diversos grupos, quando se considera, simultaneamente, mais de uma variável dependente.

Dessa maneira, a MANOVA é, essencialmente, uma análise de variância (ANOVA) com mais de uma variável dependente, ou, alternativamente, a ANOVA é um caso especial da MANOVA, com apenas uma variável dependente.

A questão fundamental da MANOVA é investigar a existência da evidência de ocorrência de um "efeito" no conjunto de dados analisados, quando todas as variáveis dependentes são conjuntamente analisadas.

É importante que as variáveis dependentes sejam moderadamente correlacionadas entre si, pois inexiste razão para analisar conjuntamente variáveis que sejam ortogonais. Entretanto, caso haja elevada correlação entre as variáveis dependentes, há risco de *multicolinearidade*.

Embora a MANOVA faça, tal como a ANOVA, jus a seu nome, já que a análise se fundamenta em variância, é mais fácil pensar na MANOVA como uma técnica para analisar conjuntos de diferenças entre os escores médios das variáveis dependentes. Em MANOVA, a análise se torna mais complexa, mas permanecem como ponto focal as diferenças entre médias, e, consequentemente, diferenças entre grupos.[1]

As hipóteses da MANOVA incluem observações independentes, onde os escores de cada pessoa são independentes dos escores de todos os demais indivíduos; normalidade *multivariada*; e homogeneidade das matrizes de variância-covariância, a qual deve ser entendida como variância aproximadamente igual para cada variável dependente em todos os grupos; as covariâncias entre pares de variáveis dependentes são aproximadamente iguais para todos os grupos. A MANOVA é robusta às violações da normalidade *multivariada* e às violações de homogeneidade das matrizes de variância-covariância, se os grupos forem aproximadamente do mesmo tamanho.

Sendo assim, quando há mais de uma variável dependente que se deseja analisar, simultaneamente, é possível empregar o modelo linear geral (GLM) que permite avaliar diferenças entre níveis de uma ou mais variáveis independentes, usualmente

---

[1] Em *one-way* MANOVA (ou *one factor* MANOVA) tem-se uma variável independente e mais de uma variável dependente. Poder-se-ia realizar tantas *one-way* ANOVA quantas forem as variáveis dependentes. Contudo, com emprego de MANOVA é possível visualizar de que forma a combinação das variáveis distingue os grupos. Em *two-way* MANOVA (ou *two-factor* MANOVA), há duas variáveis independentes (*two-way*) e são examinadas, simultaneamente, duas variáveis dependentes, sendo por essa razão uma categoria MANOVA.

nominais, em relação à combinação linear de diversas variáveis dependentes. È possível também incluir *covariate*, ou seja, variável métrica, na qualidade de variável de predição da combinação linear de variáveis dependentes.

Cabe notar que, quando são incluídas variáveis nominais e variáveis métricas como variáveis de predição, obtém-se o que usualmente se denomina análise *multivariada* de covariância (MANCOVA).

A MANOVA é, fundamentalmente, desenvolvida em dois níveis: macro e micro.

Como em ANOVA, os resultados de MANOVA devem ser interpretados, inicialmente, ao nível macro. Ou seja, o interesse inicial, é investigar a existência e a magnitude de efeito a nível macro. Em seguida, o objetivo é identificar a nível micro as variáveis dependentes que exibem diferenças significativas entre grupos, bem como a existência (ou não) de diferenças significativas entre pares de grupos.

Vamos iniciar a exposição, tecendo considerações acerca do nível macro de análise.

Os conceitos de variância e covariância são essenciais para compreensão da MANOVA, bem como o conceito de combinação linear.

Em MANOVA, o foco recai sobre a razão entre a matriz de variância e covariância entre grupos e a matriz variância e covariância dentro do grupo. Se essa razão for expressiva, a hipótese nula de que não há diferenças significativas entre médias pode ser rejeitada. Além da variância de uma única variável dependente, tal como ocorre em ANOVA, é necessário, em MANOVA, apontar o foco nas p variâncias, uma de cada variável dependente, bem como nas p(p – 1)/2 covariâncias entre as p variáveis dependentes.

As variâncias e covariâncias são dispostas em matrizes. A matriz de variância e covariância entre grupos é, usualmente, rotulada por H (matriz hipótese), enquanto a matriz de variância e covariância dentro do grupo representa a variância de erro, é rotulada por E.

A razão das matrizes de variância e covariância é calculada da seguinte forma:

$H/E = E^{-1}.H$

Um dos desafios de se realizar a MANOVA é resumir a essência dessa razão de matrizes num único número ao qual se possa atribuir significância com o teste F. Vários métodos foram empregados para sintetizar essa matriz, incluindo determinantes, traços e autovalores. Combinações lineares são construídas com base na matriz resultante da razão $E^{-1}.H$.

Há, em MANOVA, vários índices que sintetizam os resultados do nível macro. O índice mais amplamente empregado é, provavelmente, o Lambda (Λ) de Wilks (com o teste F associado), o qual emprega determinantes para resumir a variância da razão de matrizes empregada em MANOVA. Wilks sugere que o determinante da matriz de variância covariância dentro dos grupos dividida pela matriz variância e covariância total (ou seja, a matriz dentro dos grupos somada à matriz entre grupos) seja o indicador do percentual não explicado da variação entre variável(eis) independente(s) e dependentes.[2]

O Λ de Wilks é calculado como da seguinte forma:

$\Lambda = |E|/|H+E|$

Segue-se, portanto, que 1 menos o Λ de Wilks é uma medida de variância compartilhada ou explicada entre variável (eis) independente(s) e variáveis dependentes.

Dessa forma, o Λ de Wilks mostra o montante de variância na combinação linear das variáveis dependentes que não é explicado pela (s) variável (eis) independente(s). Portanto, é preferível que os valores do Λ de Wilks sejam mais próximos de zero do que de 1. Se a estatística F associada for significativa, conclui-se que há diferenças significativas entre pelo menos dois grupos em relação à combinação linear de variáveis dependentes.

Ainda no âmbito macro, convém avaliar o tamanho do efeito comum para MANOVA indicado pelo Eta quadrático, o qual é calculado com base na seguinte expressão:

$\eta^2 = (1 - \Lambda)$

Onde η^2 representa a proporção da variância da melhor combinação das variáveis dependentes que é explicada pela variável(eis) independente(s); e Λ constitui o lambda de Wilks.

---

2 O Λ de Wilks, vinculado ao teste F, avalia se as diferenças entre grupos são estatisticamente distintas de diferenças explicadas por chance. O segundo índice é o Pillai's trace, associado ao teste F, que é a soma dos valores da diagonal principal formada pela razão H/(H + E). O traço de Pillai tem a vantagem de ser o índice mais robusto quando as condições ideais não são satisfeitas, tal como amostras de tamanhos desiguais ou heterogeneidade das variâncias. O traço de Pillai também pode ser interpretado como a proporção da variância na combinação linear das variáveis dependentes que é explicada pelas variáveis independentes. Portanto, é intuitivamente reveladora. O terceiro índice é o Hotteling's trace, associado ao teste F. Ele é formado pela soma dos elementos da diagonal principal da matriz $E^{-1}.H$. O quarto índice é a maior raiz de Roy, ou seja, o maior autovalor de $E^{-1}.H$.

Um tamanho de efeito pequeno estaria na vizinhança de 0,02; o tamanho de efeito médio seria igual ou superior a 0,13; e um tamanho de efeito grande seria igual ou superior a 0,26.

Se o teste F a nível macro for significativo, acompanhado de efeito com magnitude adequada, pode-se passar para análise a nível micro, quando serão identificadas as variáveis dependentes individuais que diferem significativamente entre grupos. É recomendável investigar também, com auxílio do teste de Tukey, se há diferenças significativas entre pares de grupos para cada variável dependente.

Aplicação

No presente capítulo examinaremos apenas *one-way* MANOVA. Em nosso caso ilustrativo, o diretor de marketing de notória corporação da indústria alimentícia deseja verificar se o tipo de embalagem de seu principal produto exerce impacto sobre a percepção do intermediário no canal de vendas, no caso o varejista, quanto ao sucesso nas vendas do produto e no benefício que a embalagem traz para a imagem corporativa. O sucesso nas vendas (VENDAS) e a imagem corporativa (IMAGE) foram medidas em escala Likert, de cinco opções de resposta. Foram testados três diferentes tipos de embalagem.

Mais especificamente, o diretor de marketing deseja analisar, simultaneamente, diferenças entre os três níveis da variável independente em relação à combinação linear das duas variáveis dependentes.

A hipótese nula (H_0) da pesquisa supõe que os tipos de embalagem não exercem impacto sobre as variáveis dependentes.

Para testar a hipótese nula, é preciso clicar [*Analyze*]; [*General Linear Model*]; e [*Multivariate*] (Figura 1).

Capítulo 5 – Análise Multivariada de Variância (Manova) • 85

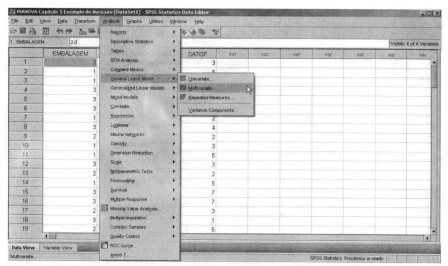

Figura 1. Procedimento inicial para realização da MANOVA.

Transfira [*VENDAS*] e [*IMAGE*] para a caixa [*Dependent Variables*]. Transfira [*Embalagem*] para a caixa [*Fixed Factor(s)*] (Figura 2).

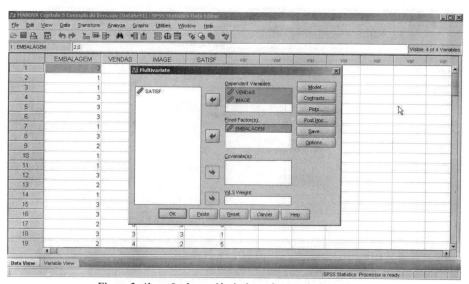

Figura 2. Alocação das variáveis dependentes e independentes.

Clique [*Options*]. Assinale [*Descriptive statistics*], [*Estimates of effect size*], [*Parameter estimates*], e [*Homogeneity tests*]; e clique [*Continue*] (Figura 3).

86 • Análise Multivariada com o uso do SPSS

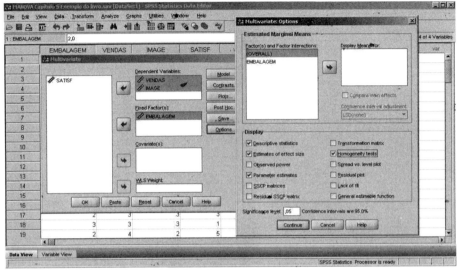

Figura 3. Opções multivariadas.

Clique [Post Hoc Multiple Comparison for Observed Means] (Figura 4).

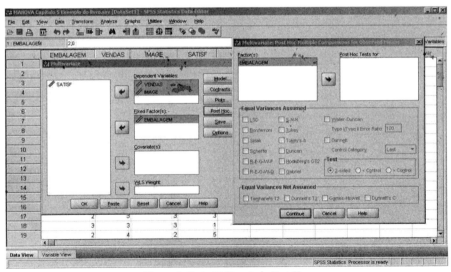

Figura 4. Teste Multivariado Post Hoc.

Transfira EMBALAGEM para a caixa *Post Hoc Test for*; e na caixa *Equal Variance Assumed* selecione a opção *Tukey*. Clique [Continue] (Figura 5). Clique [*OK*]. Esses procedimentos permitirão testar hipóteses e identificar as variáveis dependentes que são mais afetadas com a diferenciação dos tipos de embalagem, se for o caso.

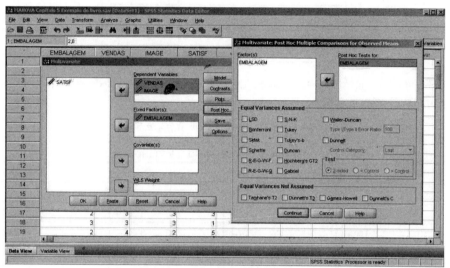

Figura 5. Procedimento final para realização de teste multivariado post hoc.

Resultados

A tabela 1 informa o tamanho das células. É necessário que haja mais observações em cada célula do que o número de variáveis dependentes. Quando o tamanho da célula é maior do que 30 observações, não se deve preocupar com a hipótese de normalidade e de igualdade de variância. Se o tamanho da célula for pequeno e houver desigualdade entre elas, o teste de hipótese se torna mais crítico. Embora células de mesmo tamanho constituam a situação ideal, isso não é essencial. Todavia, a razão entre o maior e o menor tamanho quando for superior a 1,5, poderá gerar problemas.

Sendo assim, para atendimento da hipótese de homogeneidade de variância é melhor que o tamanho das células seja aproximadamente igual. Lamentavelmente, a maior célula (53) é superior a uma vez e meia a menor célula (19). Não obstante o desvio da situação ideal, o teste de Box indica que a aludida hipótese não foi violada (tabela 3).

Tabela 1. *Between- Subjects Factors*

		N
EMBALAGEM	1	53
	2	19
	3	30

Na medida em que o foco da MANOVA é sobre diferença de médias, convém sejam analisadas as médias da tabela 2.

Tabela 2. *Descriptives Statistics*

EMBALAGEM		Mean	Std. Deviation	N
VENDAS	1	2,43	1,294	53
	2	2,16	1,068	19
	3	3,20	1,424	30
	Total	2,61	1,344	102
IMAGE	1	2,42	1,473	53
	2	2,42	1,017	19
	3	3,43	1,431	30
	Total	2,72	1,451	102

As conclusões extraídas desse tipo de inspeção podem ser enganosas. Para que se tenha um quadro mais confiável, é necessária a realização da MANOVA.

A hipótese de homogeneidade das matrizes de variância-covariância é similar à hipótese de homogeneidade de variância para variáveis dependentes individuais. Em desenhos multivariados, essa hipótese é mais complexa. A homogeneidade das matrizes de variância e covariância é testada com emprego do teste Box's M.

A tabela 3 informa o resultado do teste da hipótese nula de que as matrizes observadas de variância-covariância das variáveis dependentes são iguais entre grupos.[3]

O teste Box's M é sensível à não normalidade, sendo essa a razão pela qual se recomenda um nível de significância mais conservador de α = 0,01. Há rejeição da hipótese nula, quando o valor p for menor do que 0,01.

---

[3] Se as matrizes de covariância das variáveis dependentes fossem significativamente diferentes, a aplicação da MANOVA poderia ser questionada, de vez que a igualdade dessas matrizes é hipótese fundamental desta ferramenta estatística.
Cabe lembrar, entretanto, que em razão de extrema sensibilidade desse teste, caso ele detecte diferenças nas matrizes, isso não significa, obrigatoriamente, que os valores F não sejam válidos.

Se não houver significância estatística, conclui-se que inexiste diferença significativa das matrizes de covariância entre grupos, conforme atestam os resultados de nosso caso ilustrativo, onde F = 1,210 e p = 0,298.

Tabela 3. *Box's Test of Equality of Covariance Matrices*

Box's M	7,529
F	1,210
df1	6
df2	34480,022
Sig.	,298

Tests the null hypothesis that the observed covariance matrices of the dependent variables are equal across groups.
a. Design: Intercept + EMBALAGEM

A tabela 4 mostra o resultado do teste da hipótese de que as variâncias de cada variável são iguais entre grupos. Se o teste de Levene for significativo, o resultado refletirá violação da hipótese.

Na medida em que o teste de Levene não é significativo para nenhuma variável dependente, segue-se que não há violação da hipótese de igualdade de variância entre tipos de embalagem para todas as variáveis.

Tabela 4. Levene's test of Equality of Error Variances

	F	df1	df2	Sig.
VENDAS	,388	2	99	,679
IMAGE	2,389	2	99	,097

Tests the null hypothesis that the error variance of the dependent variable is equal across groups.
a. Design: Intercept + EMBALAGEM

O teste de Levene só é, de fato, relevante quando a hipótese de homogeneidade das matrizes de covariância é rejeitada, uma vez que pode, nesse caso, ajudar a identificar as variáveis que contribuíram para aquele resultado.

O Λ de Wilks é o teste apropriado para se empregar, quando a hipótese de igualdade de matriz de covariância não é rejeitada.

O objetivo na tabela 5 é responder a seguinte questão: o impacto de cada efeito é significativo? Convém observar que, enquanto o teste F se concentra nas variáveis dependentes, o teste *multivariado* concentra seu foco na(s) variável(eis) independente(s) e em suas interações.

Na medida em que o Λ de Wilks é definido em termos do determinante de matrizes fundamentais, ele considera não somente as variâncias das variáveis envolvidas, como também as suas inter-relações, as quais estão presentes nos elementos que não aqueles que constituem a diagonal principal (RAYKOV e MARCOULIDES, 2008).

Na tabela 5, só estamos interessados na seção da variável independente. Examinamos a linha do Λ de Wilks. Se o seu valor apresentar significância estatística, então, haverá evidência de diferença entre grupos.[4] Para realizar o teste *multivariado* é construída uma variável composta para cada efeito, resultante da combinação linear das variáveis dependentes. O efeito do intercepto só é necessário para ajustamento da reta aos dados, podendo ser ignorado na análise. A principal seção desta tabela de teste *multivariado* está relacionada ao efeito EMBALAGEM. Mais especificamente, o F significativo indica que há diferenças expressivas entre os tipos de embalagens, considerando a combinação linear das duas variáveis dependentes (VENDAS e IMAGE).[5]

O eta quadrático indica o tamanho do efeito multivariado da MANOVA, sendo expresso por:

$$\eta^2 = (1 - \Lambda)$$

Mais especificamente, o *eta* quadrático (η^2) representa a proporção da variância da melhor combinação de variáveis dependentes que é explicada pelas variáveis independentes, onde Λ corresponde ao *lambda* de Wilks. Há consenso de que um efeito de tamanho pequeno seria aproximadamente igual a 0,02; um efeito de tamanho médio seria igual ou acima de 0,13; um efeito de tamanho grande seria igual ou superior a 0,26.

---

4 Quanto maiores forem a estatísticas *Hotteling's trace* e a *Pillai's trace*, maior será a contribuição de determinado efeito para o modelo. O *Pillai's trace* é sempre menor do que o *Hotteling's trace*. A estatística *Roy's greatest characteristic root* (GCR), denominada, no SPSS, *Roy's largest root*, é similar ao *Pillai's trace*, embora só se baseie na primeira raiz que é, na realidade, a mais importante. Quanto maior a raiz, maior será o efeito no modelo.

5 A estatística Eta quadrática mensura o tamanho do efeito, indicando quanto da variância total é explicada pela variável independente.

Tabela 5. *Multivariate tests*[c]

Effect		Value	F	Hypothesis df	Error df	Sig.	Partial Eta Squared
Intercept	Pillai's Trace	,796	190,789[a]	2,000	98,000	,000	,796
	Wilks' Lambda	,204	190,789[a]	2,000	98,000	,000	,796
	Hotelling's Trace	3,894	190,789[a]	2,000	98,000	,000	,796
	Roy's Largest Root	3,894	190,789[a]	2,000	98,000	,000	,796
EMBALAGEM	Pillai's Trace	,122	3,209	4,000	198,000	,014	,061
	Wilks' Lambda	,880	3,237[a]	4,000	196,000	,013	,062
	Hotelling's Trace	,135	3,264	4,000	194,000	,013	,063
	Roy's Largest Root	,119	5,876[b]	2,000	99,000	,004	,106

a. Exact statistic
b. The statistic is an upper bound on F that yields a lower bound on the significance level.
c. Design: Intercept + EMBALAGEM.

Tendo obtido um efeito *multivariado* de magnitude adequada, é possível passar ao nível micro da análise, quando são interpretados os testes F *univariados* para cada variável dependente, com objetivo de identificar as variáveis dependentes individuais que diferem significativamente entre grupos. Em outras palavras, nesse estágio é realizada uma análise de variância (ANOVA) para cada variável dependente[6].

As informações da tabela 6 são empregadas para responder à seguinte questão: O modelo é significativo no que toca à explicação das variáveis dependentes? Para responder essa questão, o teste F verifica a hipótese nula de que não há diferença na média de cada variável dependente para os diferentes grupos. Os resultados dos testes equivalem aos que seriam obtidos com duas análises distintas ANOVA *one-way*.[7]

---

6 Há controvérsia acerca da melhor maneira de investigar mais profundamente a MANOVA principal, cujos resultados estão reunidos na tabela 5. A abordagem tradicional recomenda realizar análise de variância (ANOVA) separada para cada variável dependente, considerando que essas análises estão ancoradas na MANOVA principal. Todavia, análises de variância *univariadas* realizadas subsequentemente para todas as variáveis dependentes não estarão, forçosamente, ancoradas na MANOVA, pois ela só ancora a(s) variável(eis) dependente(s) para a(s) qual(is) a diferença de grupo existe genuinamente.
Há estudiosos que advogam o emprego da análise de discriminante para identificar uma combinação linear das variáveis dependentes que melhor discrimine os grupos. Esse procedimento preserva a essência da MANOVA porque considera a relação que existe entre as variáveis dependentes e os grupos.
Todavia, considerando o escopo do presente trabalho, empregou-se a abordagem tradicional, com a recomendação ao leitor para que consulte FIELD (2009).
7 Um outro argumento contrário à utilização da estatística F *univariada* é que ela não leva em conta as relações entre as variáveis dependentes. Portanto, as variáveis que são significativas em testes *univariados* nem sempre são aquelas que apresentam ponderações mais elevadas em teste *multivariado*. A estatística F *univariada* também pode confundir porque algumas vezes ela é significativa, embora a estatística F multivariada não apresente significância.

Em nosso estudo, a hipótese nula é rejeitada para VENDAS e IMAGE (F=4,752, p = 0,011; e F = 5,677, p = 0,005, respectivamente), o que significa dizer que ambas as variáveis apresentam médias diferentes entre grupos. Logo, a variável independente exerce influência sobre a dependente, o que implica afirmar que o modelo é significativo para explicar as variáveis dependentes.

Em nosso estudo, a hipótese nula é rejeitada para VENDAS e IMAGE (F=4,752, p = 0,011; e F = 5,677, p = 0,005, respectivamente), podendo-se afirmar, com isso, que ambas as variáveis apresentam médias diferentes.

Tabela 6. *Tests of Between-Subjects Effects*

Source	Dependent Variable	Type III Sum of Squares	df	Mean Square	F	Sig.	Partial Eta Squared
Corrected Model	VENDAS	15,969[a]	2	7,984	4,752	,011	,088
	IMAGE	21,889[b]	2	10,944	5,677	,005	,103
Intercept	VENDAS	579,141	1	579,141	344,675	,000	,777
	IMAGE	652,318	1	652,318	338,349	,000	,774
EMBALAGEM	VENDAS	15,969	2	7,984	4,752	,011	,088
	IMAGE	21,889	2	10,944	5,677	,005	,103
Error	VENDAS	166,345	99	1,680			
	IMAGE	190,866	99	1,928			
Total	VENDAS	876,000	102				
	IMAGE	965,000	102				
Corrected Total	VENDAS	182,314	101				
	IMAGE	212,755	101				

a. R Squared = ,088 (Adjusted R Squared = ,069).
b. R Squared = ,103 (Adjusted R Squared = ,085).
Fonte: Elaboração própria.

Na medida em que VENDAS e IMAGE apresentam médias estatisticamente diferentes e há três tipos de embalagens, é recomendável realizar comparações *post hoc* para identificar os pares de médias que são diferentes.

Entre os procedimentos disponíveis para maior investigação de diferenças específicas das médias entre grupos, selecionou-se o método de diferença honestamente significativa (HSD) de Tukey. De fato, o quadro se torna mais translúcido, ao nível micro, com os resultados do teste de Tukey (Tabelas 7, 8 e 9).

Tabela 7. *Multiple comparisons: Tukey HSD*

Dependent Variable	(I) EMBA-LAGEM	(J) EMBA-LAGEM	Mean Difference (I-J)	Std. Error	Sig.	95% Confidence Interval Lower Bound	Upper Bound
VENDAS	1	2	,28	,347	,706	-,55	1,10
		3	-,77*	,296	,030	-1,47	-,06
	2	1	-,28	,347	,706	-1,10	,55
		3	-1,04*	,380	,020	-1,95	-,14
	3	1	,77*	,296	,030	,06	1,47
		2	1,04*	,380	,020	,14	1,95
IMAGE	1	2	,00	,371	1,000	-,89	,88
		3	-1,02*	,317	,005	-1,77	-,26
	2	1	,01	,371	1,000	-,88	,89
		3	-1,01*	,407	,038	-1,98	-,04
	3	1	1,02*	,317	,005	,26	1,77
		2	1,01*	,407	,038	,04	1,98

Based on observed means.
The error term is Mean Square(Error) = 1,928.
*. The mean difference is significant at the ,05 level.
Fonte: Elaboração própria.

As mesmas informações prestadas pela tabela 7 aparecem com outra organização, nas tabelas 8 e 9. De fato, as informações da tabela 8 mostram que, no tocante ao sucesso nas vendas, as embalagens 2 e 3 são distintas.

Tabela 8. *Vendas: Tukey HSD* [a,b]

EMBALAGEM	N	Subset 1	2
2	19	2,16	
1	53	2,43	2,43
3	30		3,20
Sig.		,700	,070

Means for groups in homogeneous subsets are displayed.
Based on observed means.
The error term is Mean Square(Error) = 1,680.

a. Uses Harmonic Mean Sample Size = 28,617.
b. Alpha = ,05.

A tabela 9 informa que, no caso da imagem corporativa, a embalagem 3 é distinta das demais.

Tabela 9. *IMAGE: Tukey HSD* [a,b]

EMBALAGEM	N	Subset 1	2
1	53	2,42	
2	19	2,42	
3	30		3,43
Sig.		1,000	1,000

Means for groups in homogeneous subsets are displayed.
Based on observed means.
The error term is Mean Square(Error) = 1,928.
a. Uses Harmonic Mean Sample Size = 28,617.
b. Alpha = ,05.

Com as informações anteriores, o diretor de marketing pode concluir que a embalagem 3 influencia o sucesso nas vendas e a imagem corporativa.

Exercícios

1) Interprete os resultados da regressão logística aplicada aos dados do arquivo MAE.sav (Anexo...), informando se os testes *multivariados* são estatisticamente significativos e para quais variáveis dependentes individuais os grupos são significativamente diferentes, se for o caso.

2) Qual é a informação que é prestada pelo teste *multivariado* de significância, mas que não é fornecida pelo teste *univariado*?

3) Examine a veracidade das afirmativas abaixo, apresentando argumentos que fundamentem a sua resposta.

a) Em MANOVA, as variáveis dependentes devem estar conceitualmente relacionadas, apresentando, entre si, nível de correlação reduzido ou moderado, já que se foram independentes não haverá razão para analisá-las conjuntamente.

b) Supõe-se, em MANOVA, que, além de homogeneidade de variância para todas as variáveis dependentes em todos os grupos, as covariâncias entre todos os pares de variáveis dependentes também precisam ser aproximadamente iguais para todos os grupos.

c) Com grupos de tamanhos aproximadamente iguais, a MANOVA suporta bem violações à normalidade *multivariada* e à homogeneidade das matrizes de variância-covariância.

d) O Teste de Box verifica se houve violação da hipótese de existência de matrizes de variância-covariância entre os distintos grupos, não sendo afetado por afastamento da normalidade.

e) Quando o Teste de Levene apresenta significância estatística, há evidência de que a hipótese de homogeneidade de variância entre grupos não foi violada.

Referências

FIELD, A. *Discovering statistics using SPSS*. Thousand Oaks: Sage, 2009.

HAIR, J.F; ANDERSON, R.E; TATHAM, R.L; BLACK, W.C. *Análise multivariada de dados*. Porto Alegre: Bookman, 2005.

HO, R. *Handbook of univariate and multivariate data analysis and interpretation with SPSS*. Boca Raton: Chapman, 2006.

RAYKOV,T.;MARCOULIDES,G.A. *An introduction to applied multivariate analysis*. NY: Routledge, 2008.

SPICER, J. *Making sense of multivariate data analysis*. Thousand Oaks: Sage, 2005.

Capítulo 6
Análise Conjunta

A análise conjunta é uma técnica multivariada baseada em pesquisas do tipo *survey* e utilizada para avaliar o comportamento de compra do consumidor a partir da investigação da hierarquia de preferências entre alternativas com vários atributos. Foi inicialmente formulada por Luce e Tukey (1964) e testada por Krantz e Tversky (1971) na área de psicologia. Green e Rao (1971) e Green e Wind (1975) foram precursores na aplicação do método no estudo do comportamento do consumidor, propostas estas atualizadas por Louviere e Woodworth (1983) e Green e Srinivasan (1990).

As principais características desse método são:

É utilizado para analisar os efeitos conjuntos que dois ou mais atributos qualitativos (variáveis independentes) exercem sobre as preferências do entrevistado (variável dependente).

A variável dependente pode ser métrica ou nominal.

O produto é resultado de uma agregação de valores, representados pelos atributos e mensurados por suas utilidades.

As utilidades são inferidas para cada entrevistado, demonstrando suas prioridades para cada combinação de níveis dos atributos.

Proporciona uma estimativa da importância relativa de cada um dos atributos, os quais podem ser calculados para toda amostra ou individualmente para cada entrevistado.

Permite compreender o processo por meio do qual o consumidor desenvolve suas preferências.

Cada tratamento define uma característica ou faceta do produto.

É um método útil para: (a) avaliar a importância que cada atributo representa na decisão de compra; (b) comparar preferências por atributos entre diferentes segmentos de consumidores; (c) identificar mercados atraentes de consumidores cujos atributos e interesse representam vantagem comparativa do produto em relação aos concorrentes.

O desenvolvimento algébrico do método é[1]:

$$S_{jk} = f1(X_{il})$$

$$V(S_{jk}) = f2(S_{jk})$$

$$U_{il} = f3[V(S_{jk})]$$

---

[1] Adaptado de Louviere (1988, p.13-14).

Para: $i = 1,...,m$ atributos

$l = 1,...,p$ níveis associados a cada atributo

$j = 1,...,n$ indivíduos entrevistados

$k = 1,...,q$ experimentos

X_{il} : matriz $m \times p$ contendo o *p-ésimo* nível associado ao *i-ésimo* atributo

S_{jk} : matriz $n \times q$ contendo a ordem de preferência do *k-ésimo* experimento para o *j-ésimo* entrevistado

$V(S_{jk})$: matriz $n \times q$ contendo a utilidade parcial que o *k-ésimo* experimento representa para o *j-ésimo* entrevistado

U_{il} : matriz $m \times p$ contendo a utilidade do *p-ésimo* nível associado ao *i-ésimo* atributo

Como exemplo, suporemos que um gerente de hotel pretende avaliar as preferências dos clientes a partir de quatro atributos – preço, desjejum, serviço de quarto e localização do hotel – cada qual associado a três níveis de ocorrência. Com o intuito de padronizar com a terminologia adotada pelo SPSS, denominaremos "atributos" por "fatores":

O preço pode assumir três valores, vip de R$ 120, normal de R$ 100 ou promocional de R$ 90.

O desjejum pode ser servido em duas modalidades quanto ao calórico: (a) ênfase em pratos quentes, tais como omelete, salsicha e bacon; (b) ênfase em pratos dietéticos, tais como cereais e frutas; (c) misto, com cereais, frutas e omelete.

O serviço de quarto pode ser: (a) permanente com troca frequente de toalhas; (b) uma vez ao dia; (c) não há serviço de quarto e as toalhas são trocadas mediante solicitação.

As três localizações disponíveis: (a) próximo ao aeroporto; (b) no centro da cidade; e (c) próximo a um parque com bela paisagem.

A tabela 1 demonstra as possibilidades para cada fator.

Tabela 1: *Fatores e níveis correspondentes*

Fator	Níveis		
Preço do Pernoite	R$ 120	R$ 100	R$ 90
Desjejum	Misto	Light	Calórico
Serviço de Quarto	Contínuo	Uma vez ao dia	Sem serviço
Localização	Próximo ao parque	Centro da cidade	Anexo ao Aeroporto

Delineamento Ortogonal

O número de combinações para os quatro fatores aumentou substancialmente. Com quatro fatores, cada qual com três níveis, resultam 81 combinações – três níveis de preços x três tipos de desjejum x três alternativas para serviço do quarto x três locais possíveis. Tais combinações chamam-se *tratamentos* ou *estímulos*, cujas 81 alternativas possíveis resultam em um conjunto denominado *delineamento fatorial completo*.

É impraticável trabalhar com um conjunto de tratamentos deste tamanho. A saída está em gerar um subconjunto de tratamentos selecionados aleatoriamente, de tal modo que os efeitos principais do modelo linear geral relativo às preferências do entrevistado possam ser ajustados, obedecendo aos critérios de eficiência[2], ortogonalidade[3] e balanceamento[4].

Na tela "*SPSS Data Editor*" clicar em [*Data*], [*Orthogonal Design*] e [*Generate*].

Na tela "*Generate Orthogonal Design*", para o primeiro fator entrar:

Com "*Factor Name*" igual a "Preço", correspondendo à identificação do fator no arquivo de dados.

Com "*Factor Label*" igual a "Preço do Pernoite", relativo à identificação que aparecerá na tela e relatórios.

Clicar em [*Add*], posicionar o cursor sobre "Preço 'Preço do Pernoite' (?)" e clicar

---
2 Medida em que um delineamento fatorial atende ao critério da ortogonalidade. Os delineamentos quase ortogonais apresentam eficiência variando entre 0 e 100.
3 Habilidade em medir isoladamente o efeito causado pela mudança de nível em determinado fator, separando-o dos efeitos decorrentes dos demais atributos, assim como do erro experimental.
4 Delineamento no qual praticamente todos os níveis dos fatores aparecem o mesmo número de vezes.

na tecla esquerda do mouse, clicar em [*Define Values*]. O resultado final se assemelhará ao demonstrado na figura 1.

Na tela "*Generate Design: Define Values*" informar os valores numéricos binários ou ordinais e identificações correspondentes, para todos os níveis do fator Preço. A tela preenchida pode ser observada na figura 2. Em seguida, clicar em [*Continue*].

Repetir o procedimento para os demais fatores e níveis correspondentes.

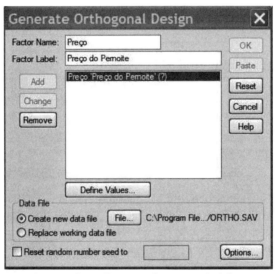

Figura 1: *Tela de inclusão dos atributos que farão parte do delineamento ortogonal.*

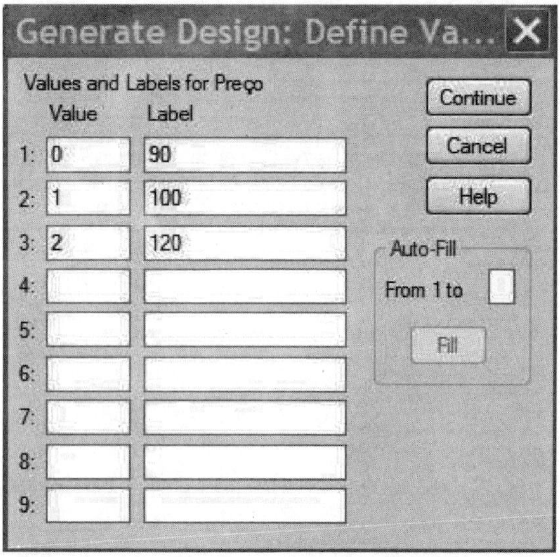

Figura 2: Tela de inclusão dos níveis para cada atributo que fará parte do delineamento fatorial.

O procedimento para entrada dos nomes e rótulos para os fatores é idêntico aos demais atributos, os quais convencionaremos o seguinte:

Nome do Fator	Rótulo do Fator	Valor 1	Valor 2	Valor 3
Preço	Preço do Pernoite	0 = 90	1 = 100	2 = 120
Desjejum	Tipo de Desjejum	0 = Calórico	1 = Light	2 = Misto
Serviço	Serviço de Quarto	0 = Sem serviço	1 = 1xDia	2 = Contínuo
Localização	Localização	0 = Aeroporto	1 = Centro	2 = Parque

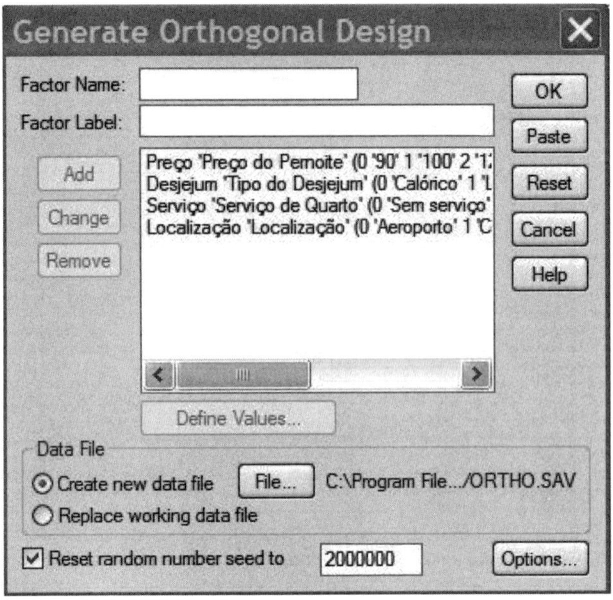

Figura 3: Tela de inclusão contendo todos os fatores

O SPSS gerará uma saída informando sobre o número adequado de experimentos (referido pelo software como *cards*), observar e fechar o arquivo sem salvar.

Orthogonal Plan

[DataSet0]

Warnings

| A plan is successfully generated with 9 cards. |

Na tela "*Generate Orthogonal Design*" escolher "*Replace Working Data File*" e em "*Reset random number seed*" informar 2000000. Clicar em [*Options*] e informar o número de tratamentos ortogonais a serem gerados. No caso, optaremos pela sugestão fornecida pelo SPSS e digitaremos "9" em "*Minimum number of cases to generate*". Para verificar a validade das utilidades estimadas, incluiremos um número adicional de experimentos, os quais não serão utilizados pelo SPSS para estimar as probabilidades. Em "*Number of holdout cases*" digitar "3". Clicar em [*Continue*].

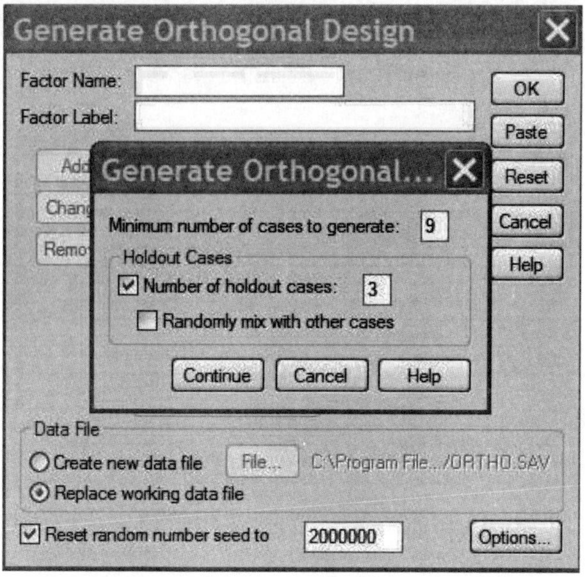

Figura 4: Semente para a seleção aleatória, número de tratamentos ortogonais e número de tratamentos de validação.

Ao clicar em [OK] o SPSS gerará uma saída semelhante à figura 5, informando os experimentos (referido pelo software como *cards*). Alternativamente, o arquivo contendo os experimentos está salvo na raiz do SPSS com a identificação "ortho.sav".

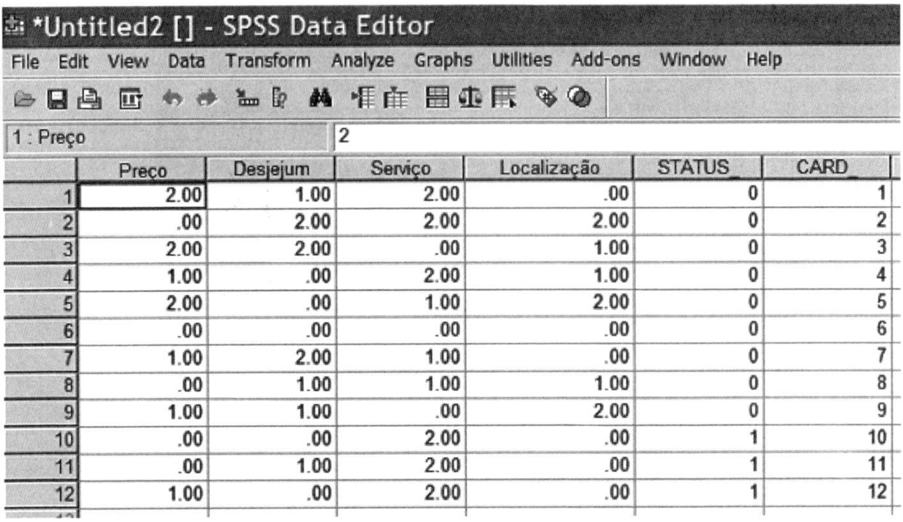

106 • Análise Multivariada com o uso do SPSS

	Preço	Desjejum	Serviço	Localização	STATUS_	CARD_
1	2.00	1.00	2.00	.00	0	1
2	.00	2.00	2.00	2.00	0	2
3	2.00	2.00	.00	1.00	0	3
4	1.00	.00	2.00	1.00	0	4
5	2.00	.00	1.00	2.00	0	5
6	.00	.00	.00	.00	0	6
7	1.00	2.00	1.00	.00	0	7
8	.00	1.00	1.00	1.00	0	8
9	1.00	1.00	.00	2.00	0	9
10	.00	.00	2.00	.00	1	10
11	.00	1.00	2.00	.00	1	11
12	1.00	.00	2.00	.00	1	12

Figura 5: Delineamento ortogonal

Os 12 experimentos gerados pelo SPSS estão identificados conforme solicitamos. Os quatro fatores estão descritos nas colunas – Preço, Desjejum, Serviço e Localização. A coluna "STATUS_" indica o valor "0" para o experimento da análise e "1" para o experimento de verificação (*holdout*). A coluna "CARD_" informa o número seqüencial de cada experimento.

Clicar em [*File*] e [Save As]. Em "*Save In*" informar o diretório "Meus Documentos" e em "*File Name*" informar "Hoteis_plan". Clicar em [*Data*], [*Orthogonal Design*] e [Display]. Na tela "*Display Design*" selecionar e transferir todos os fatores e "CARD_" para o conjunto "Fatores". Clicar em "*Title*" e digitar "Indicadores de Preferência para Seleção de um Hotel". Clicar em "*Listing for experimenter*" e em [*OK*]. A lista de experimentos que será apresentada aos sujeitos para declararem suas preferências será gerada pelo SPSS, conforme podemos observar na tabela 2. Em [*File*], [*Export*] é possível transferir a lista para qualquer documento do Microsoft Office ou, simplesmente, clicar com o botão direito do mouse e copiar a lista.

Tabela 2 – *Lista dos experimentos a serem apresentados aos entrevistados Indicadores de Preferência para Seleção de um Hotel*

	Card ID	Preço do Pernoite	Tipo de Desjejum	Serviço de Quarto	Localização
1	1	120	Light	Continuo	Aeroporto
2	2	90	Misto	Continuo	Parques
3	3	120	Misto	Sem Serviço	Central
4	4	100	Calorico	Continuo	Central
5	5	120	Calorico	1xDia	Parques
6	6	90	Calorico	Sem Serviço	Aeroporto
7	7	100	Misto	1xDia	Aeroporto
8	8	90	Light	1xDia	Central
9	9	100	Light	Sem Serviço	Parques
10(a)	10	90	Calorico	Continuo	Aeroporto
11(a)	11	90	Light	Continuo	Aeroporto
12(a)	12	100	Calorico	Continuo	Aeroporto

a Holdout

Especificação do Modelo

O modelo é especificado de modo que cada fator tenha seus níveis relacionados às preferências segundo algum tipo de comportamento. A análise conjunta oferece três opções – discreta, linear e quadrática – sendo que esta última possui ainda duas alternativas – ideal para preferências decrescentes e anti-ideal para preferências crescentes. A tabela 3 demonstra como foram especificadas as variáveis do exemplo.

O "Preço" possui escala do tipo razão e, apesar de associado a três níveis, é considerado como uma variável contínua, razão pela qual optamos por uma relação linear com os escores. Quanto maior o preço menor a preferência, motivo pelo qual foi escolhida a opção "*less*".

Os fatores "Desjejum" e "Serviço" possuem escalas nominais, entretanto, optou-se por atribuir uma relação direta ("*more*") entre seus níveis e escores. Isto significa dizer que, para o caso do "Desjejum", em termos gerais o tipo "Misto" aparenta ser preferível ao "Light", e ambos preferíveis ao "Calórico". Para o caso do "Serviço" de quarto, "Contínuo" é preferível a "1xDia", e ambos, preferíveis a "Sem Serviço".

O fator "Localização" também possui escala nominal, entretanto seus níveis não aparentam ordem de preferência, motivo pelo qual não se optou por nenhuma forma de relação.

Tabela 3 – *Descrição do Modelo*

	N of Levels	Relation to Ranks or Scores
Preço	3	Linear (less)
Desjejum	3	Discrete (more)
Serviço	3	Discrete (more)
Localização	3	Discrete

Reverso das Expectativas

Esta preocupação em atribuir os modos como os níveis de cada fator se relacionam aos escores de preferência apresenta uma vantagem. O SPSS fornece a tabela 4 contendo um sumário de contabilizações dos reversos, ou seja, o número de vezes em que os sujeitos da pesquisa contrariaram a expectativa de relacionamento. Assim, os fatores, "Serviço" e "Desjejum" foram aqueles que apresentaram a maior quantidade de violações, seis entrevistados dentre dez não confirmaram as expectativas. O fator "Localização", por outro lado, foi totalmente consistente para todos os entrevistados. Por outro lado, observando o modo como o entrevistado "1" ordenou suas preferências, dois dentre os quatro fatores escolhidos contrariaram as expectativas. Nenhum sujeito foi totalmente racional na escolha, sendo que um deles, o sujeito "4", teve apenas um fator consistente com o esperado.

Tabela 4a – *Número de Reversos*

Factor	Serviço		6
	Desjejum		6
	Preço		5
	Localização		0
Subject	1	Subject 1	2
	2	Subject 2	1
	3	Subject 3	1
	4	Subject 4	3

Tabela 4a – *Número de Reversos (cont.)*

5	Subject 5	2
6	Subject 6	1
7	Subject 7	2
8	Subject 8	2
9	Subject 9	2
10	Subject 10	1

A tabela 4b demonstra o número de sujeitos que violaram as expectativas, dispostos segundo a quantidade de reversos observada.

Tabela 4b – *Síntese dos Reversos*

N of Reversals	N of Subjects
1	4
2	5
3	1

Testes de Significância

Para acessar o nível de acurácia do modelo, são extraídas as correlações entre os escores das preferências observadas obtidas na pesquisa de campo com os escores estimados obtidos a partir da análise conjunta, conforme observado na tabela 5. Estas estatísticas são testadas quanto ao seu nível de significância. O coeficiente de correlação de Pearson[5] resultou em 0,883, comprovando possuir um índice elevado quando comparado ao nível de significância de 5%. O mesmo se constata com o Tau de Kendall[6] igual a 0,667, indicando que o modelo é acurado quando se pretende prever a preferência do entrevistado a partir de um conjunto de atributos relativos a escolha de hotéis. Para a amostra de verificação, o índice Tau de Kendall resultou em não significativo, prejudicado pelo número insuficiente de observações (igual a três) utilizado para seu cálculo. Dentre as duas estatísticas – Pearson e Kendall – esta última é mais apropriada para tipos de problema que tratam com variáveis ordinais.

---

[5] O coeficiente de correlação de Pearson varia de -1,0 à +1,0, inclusive, representando a ocorrência de dependência linear entre duas variáveis, sendo que o sinal indica sua direção.
[6] A estatística tau de Kendall é uma medida não paramétrica de correlação para variáveis ordinais ou do tipo escore. Varia de -1,0 à +1,0. O sinal indica a direção. O valor absoluto indica o grau da relação.

Tabela 5 - *Correlações*

	Value	Sig.
Pearson's R	.883	.001
Kendall's tau	.667	.006
Kendall's tau for Holdouts	.333	.301

Estimativa das Utilidades

Existem quatro relações funcionais possíveis entre os fatores e as preferências dos entrevistados. Caso nenhuma delas seja informada, o SPSS assume que estes possuem uma relação discreta (*discrete*).

- *Discrete*: indica que os níveis dos fatores são categóricos e que não existe nenhuma relação específica entre os fatores e as preferências;

- *Linear*: a relação entre os fatores e as preferências é linear. A direção desta relação é indicada pelas chaves *MORE* e *LESS*. A primeira associa maiores preferências aos níveis mais altos, enquanto a segunda associa maiores preferências aos níveis mais baixos.

- *Ideal*: a relação entre os fatores e as preferências é quadrática. Assume-se que existe um nível desejado para o fator, e que a preferência decresce na medida em que a distância deste nível desejado aumenta.

- *Antiideal*: a relação entre os fatores e as preferências é quadrática. Neste caso, assume-se que existe um nível indesejado para o fator, e que a preferência aumenta na medida em que a distância deste nível indesejado aumenta.

Neste caso, as utilidades calculadas e seus respectivos erros padrão podem ser observados na tabela 6. Tais números representam estimativas das utilidades parciais e se constituem valores relativos, adimensionais, calculados pela análise conjunta, de modo que, quando somados, resultam na utilidade total para cada tratamento, e cujos valores absolutos corresponderão às estimativas dos escores das preferências manifestadas pelos entrevistados, tão próximos aos escores reais quanto possível. A tabela 6 reproduz tais utilidades para cada nível em cada atributo. Observar que, para o caso dos fatores com escala nominal, as utilidades sempre apresentam soma igual a zero. No caso do preço, as utilidades são calculadas a partir de uma relação linear, onde ao preço de partida é atribuído o valor "0", e um coeficiente estimado por regressão linear, no caso igual a 0,117, é lotado para as demais utilidades.

Tabela 6 - *Utilidades*

		Utility Estimate	Std. Error
Desjejum	Calórico	-.478	.589
	Light	-.111	.589
	Misto	.589	.589
Serviço	Sem serviço	-.078	.589
	1xDia	.056	.589
	Contínuo	.022	.589
Localização	Aeroporto	-.844	.589
	Central	.156	.589
	Parques	.689	.589
Preço	90	.000	.000
	100	.117	.510
	120	.233	1.020
(Constant)		4.894	.658

Importâncias Relativas

Pode ser estimada ainda a importância relativa que cada fator representa no processo de escolha do entrevistado. Aquele que possuir as utilidades mais extremas entre níveis será o mais sensitivo e, portanto, o mais relevante na decisão do consumidor. As importâncias relativas são calculadas pela fórmula:

$$IMP_i = 100 \frac{amplitude_i}{\sum_{i=1}^{p} amplitude_i}$$

Onde cada *amplitude*$_i$ representa a diferença entre a maior e a menor utilidade para o fator "i". Por exemplo, para "Desjejum" a amplitude é igual a [0,589 – (–0,478)] ou 1,067. A tabela 7 apresenta os níveis de importância para cada um dos quatro fatores. "Preço" representa praticamente 40% da decisão de escolha sendo, portanto, muito sensitivo. Os três demais fatores quase se equivalem, variando em torno de 20% para cada um. Em termos práticos, equivale imaginar que os esforços de um gerente de hotel em diversificar as alternativas para desjejum e serviço de quarto, praticamente se equivalem a uma política mais agressiva de preços.

Tabela 7 – *Importância dos Fatores*

Desjejum	19.309
Serviço	20.550
Localização	21.699
Preço	38.441

Escore médio de importância

Exercícios

1- Cite uma utilidade da técnica de análise conjunta.

2- Qual é o principal objetivo ao se elaborar um experimento ortogonal?

3- Faça uma análise conjunta para os atributos referentes a compra de um imóvel: (a) tamanho (um quarto, dois quartos, três quartos); (b) preço (até 200 mil reais, acima de 200 mil reais); (c) proximidade (trabalho, parques, centros comerciais).

Referências

CARROLL, J.D. & GREEN, P.E. Psychometric Methods in Marketing Research: part I, conjoint analysis. *Journal of Marketing Research*, v.XXXII, p.385-391, 1995.

GREEN, P.E. & RAO, V.R. Conjoint Measurement for Quantifying Judgmental Data. *Journal of Marketing Research*, v.VIII, p.355-363, 1971.

GREEN, P.E. & SRINIVASAN, V. Conjoint Analysis in Marketing: new developments with implications for research and practice. *Journal of Marketing*, v.4, p. 3-19, 1990.

GREEN, P.E. & WIND, Y. New Way to Measure Consumers' Judgments. *Harvard Business Review*, v.53, p.107-117, 1975.

KRANTZ, H. & TVERSKY, A. Conjoint Measurement Analysis of Compositions Rules in Psychology. *Psychological Review*, v.78, p.151-169, 1971.

LOUVIERE, J.J. & WOODWORTH, G. Design and Analysis of Simulated Consumer Choice of Allocation Experiments: an approach based on aggregate data. *Journal of Marketing Research*, v.20, p.350-367, 1983.

LUCE, R.D. & TUKEY, J.W. Simultaneous Conjoint Measurement: a new type of fundamental measurements. *Journal of Mathematical Psychology*, v.1, p.1-27, 1964.

McCULLAGH, P. Regression Models for Ordinal Data. *Journal of the Royal Statistical Society: Series B*, v.42, n.2, p.109-142, 1980.

Capítulo 7
Modelos Logit Ordenados Generalizados

Os modelos logit ordenados fazem parte das técnicas multivariadas que adotam os mínimos quadrados ordinários na classe dos melhores estimadores lineares não tendenciosos como procedimento de estimação. Autores como Borooah (2002), Aldrich e Nelson (1984) e Demaris(1992) esclarecem sobre esta técnica com rigor analítico.

Este procedimento também é conhecido por *modelos de escolha qualitativa* (CLOGG e SHIHADEH, 1994; VERMUNT, 1997). São, portanto, associados a escalas métricas de opinião cujos resultados se configuram como discretos, mutuamente exclusivos e exaustivos. Podem se originar a partir de variáveis ordinais, tal como a escala Likert, ou nominais. Como um exemplo para a escala ordinal, a opinião de um consumidor em um teste de degustação, quando ele aprova totalmente (valor=1); simplesmente aprova (valor=2); não possui opinião (valor=3); simplesmente desaprova (valor=4) ou desaprova totalmente (valor=5). Ainda como exemplo da escala ordinal, o consumidor é solicitado a escolher entre cinco marcas, manifestando-se pela ordem de preferência; assim, à primeira escolhida é atribuído o valor 1, à segunda, o valor 2, até a última que receberá o valor 5.

Um cuidado que deve ser observado quando se trabalha com valores em escala nominal é impedir que eles assumam, por alguma circunstância, comportamento ordinal no julgamento do entrevistado. Neste caso, este vínculo ordinal deve estar explicitado nas características ou atributos. Suponha que três supermercados são descritos pela política de preços, variedade e rapidez no atendimento. O entrevistado, ao manifestar sua preferência, opinou em primeiro lugar pelo estabelecimento mais próximo da sua residência, e em último, pelo mais distante. A *distância* é um atributo relevante no processo de escolha, e deveria fazer parte das variáveis que compõem o conjunto explicativo.

Em procedimentos de escolha ordenada, a preferência poderá estar vinculada às características do entrevistado, tais como seu perfil demográfico ou de estilo de vida; aos atributos do produto, a exemplo da embalagem, marca e preço; ou às situações específicas do experimento, tais como a influência do local ou de estímulos externos.

Para a escolha do método de estimação devemos estar cientes de que estamos trabalhando com variáveis discretas, sendo que as preditoras são categóricas e a dependente é resultante de uma ordem de preferências. Para esta última, não faz sentido imaginar que o segundo colocado é duas vezes mais preferido que o quarto colocado. Os intervalos entre as medidas não nos dizem nada. Dois tratamentos podem estar no limiar da indiferença, o que não implica que um seja escolhido em detrimento do outro, com intervalo idêntico a dois outros que possuem preferência inequívoca entre si.

Assim, deveremos optar pelo método de estimação de dados ordinais, proposto por McCullagh (1980), denominado PLUM[1].

Seja U_k a utilidade total discreta do k-ésimo tratamento, determinada por meio de um modelo ordinal *logit₂*, conhecido também por modelo das chances proporcionais, então:

$U_k = 1$ se $U_k^* \leq \delta_1$,

$U_k = 2$ se $\delta_1 \leq U_k^* \leq \delta_2$, etc.

$U_k = q$ se $U_k^* \geq \delta_{q-1}$

$U_k^* = \sum V_i X_{il}^T + \varepsilon_k = Z_k + \varepsilon_k$

Sendo: k = 1,...,q

i = 1,...,m

l = 1,...,q

Onde: U_k^*: utilidade contínua estimada a partir de uma relação linear

V_i : i-ésimo coeficiente obtido por meio de um modelo de regressão ordinal

X_{il} : variável categórica associada ao l-ésimo nível do i-ésimo fator

ε_k : erro da estimativa.

Onde δ_{J-1} são os pontos de corte para determinação das utilidades totais discretas.

Suponha que um gerente de hotel gostaria de avaliar a hierarquia das preferências dos clientes com relação a alguns atributos característicos do seu negócio. Por meio de uma pesquisa exploratória, descobriu que os atributos mais significativos são: preço por pernoite, desjejum e serviço de quarto.

5.1. O preço pode ter dois valores, normal de R$ 100 ou promocional de R$ 90.

6.2. O desjejum pode ser servido em duas modalidades : (a) ênfase em pratos calóricos , tais como omelete, salsicha e bacon; (b) ênfase em pratos dietéticos, tais como cereais e frutas.

---

[1] Abreviação de Polytomous Logit Universal Models (PLUM). Programa estatístico que faz a estimação dos coeficientes em modelos de regressão ordinal e disponível no SPSS.

7.3. O serviço de quarto pode ser: (a) permanente com troca frequente de toalhas; ou (b) uma vez ao dia.

A tabela 1 demonstra as possibilidades para cada fator.

Tabela 1: *Fatores e níveis correspondentes*

Fator	Níveis	
Preço do Pernoite	R$ 100	R$ 90
Desjejum	Ênfase em calóricos	Ênfase em light
Serviço de Quarto	Contínuo	Uma vez ao dia

A tarefa de selecionar alguns atributos independentes entre si, relevantes para a explicação da preferência dos clientes, é a *especificação*. A estes atributos nos referiremos doravante como *fatores*, que podem ser métricos ou nominais. Os possíveis valores ou alternativas os fatores são denominados níveis.

O número de combinações para os três fatores é oito (dois níveis de preços x dois tipos de desjejum x duas alternativas para serviço do quarto). Esta combinação é denominada *tratamento* ou *estímulo*, cujas alternativas possíveis podem ser observadas na tabela 2. Neste caso são avaliados todos os tratamentos possíveis; situação conhecida por *delineamento fatorial completo*.

Tabela 2: *Descrições dos tratamentos*

Tratamento	Preço do Pernoite	Desjejum	Serviço de Quarto
1*	R$ 90	Ênfase em calóricos	Contínuo
2	R$ 90	Ênfase em calóricos	Uma vez ao dia
3*	R$ 90	Ênfase em light	Contínuo
4	R$ 90	Ênfase em light	Uma vez ao dia
5	R$ 100	Ênfase em calóricos	Contínuo
6	R$ 100	Ênfase em calóricos	Uma vez ao dia
7	R$ 100	Ênfase em light	Contínuo
8	R$ 100	Ênfase em light	Uma vez ao dia

(*) Estes tratamentos serão removidos da tabela.

Nem sempre todas as combinações são possíveis. Neste exemplo o gerente do hotel pode achar impraticável oferecer um serviço de quarto contínuo ao preço de R$ 90 por pernoite, assim os tratamentos 1 e 3 devem ser removidos. Esta constatação de correlação entre atributos – preço e serviço de quarto – cuja combinação resulta em dois tratamentos inaceitáveis, prejudica a característica *ortogonal* dos atributos, ou seja, de que inexiste correlação entre eles. Neste caso, dizemos que a relação é *quase ortogonal*, situação que não prejudica ou viola as suposições da análise conjunta. O resultado é um subconjunto contendo *seis* tratamentos o qual denominamos *delineamento fatorial fracionário*, método mais comum em experimentos deste tipo.

Os entrevistados são solicitados a dispor os tratamentos segundo uma ordem de preferência, sendo atribuído "1" para a alternativa preferida e até "6", para a menos desejada. A tabela 3 apresenta a tabulação para as preferências de cinco entrevistados.

Tabela 3: *Tratamentos e Preferências*

Tratamento	E1	E2	E3	E4	E5
2	4	2	1	3	3
4	1	1	2	4	4
5	5	5	5	6	5
6	6	6	6	5	6
7	2	3	3	2	1
8	3	4	4	1	2

O próximo passo consiste em tabular os resultados da pesquisa para um formato compreensível pelo SPSS. A tabela 4 exibe os dados disponíveis na tabela 3 da seguinte maneira.

a) A primeira coluna contém as preferências e as demais três colunas contêm os três fatores com seus respectivos níveis.

b) Deveremos designar os valores binários para cada nível. O preço do pernoite de R$ 90, tipo de desjejum calórico e serviço de quarto uma vez ao dia serão associados a 0, por outro lado, o preço do pernoite de R$ 100, tipo de desjejum light e serviço de quarto contínuo serão associados a 1.

c) As seis primeiras linhas contêm os seis tratamentos mensurados para o entrevistado E1. As próximas seis linhas contêm o mesmo para o entrevistado E2, e assim por diante;

d) O tratamento 2, apresentado ao entrevistado E1, foi escolhido em quarto lugar na ordem de preferência. Como descrição, possui um preço do pernoite de R$ 90, o tipo de desjejum é calórico e o serviço de quarto é contínuo. A estes níveis atribuímos os valores 0, 0 e 1, respectivamente;

e) O procedimento de atribuição de valores binários aos demais tratamentos ocorre do mesmo modo, sendo que a matriz de atribuições para o primeiro entrevistado é repetida para os demais.

Tabela 4: *Preferências e descrições do experimento*

Preferências	Preço	Desjejum	Serviço
4	0	0	1
1	0	1	1
5	1	0	0
6	1	0	1
2	1	1	0
3	1	1	1
2	0	0	1
1	0	1	1
5	1	0	0
6	1	0	1
3	1	1	0
4	1	1	1
1	0	0	1
2	0	1	1
5	1	0	0
6	1	0	1
3	1	1	0
4	1	1	1
3	0	0	1
4	0	1	1
6	1	0	0
5	1	0	1
2	1	1	0
1	1	1	1
3	0	0	1
4	0	1	1
5	1	0	0
6	1	0	1

Tabela 4: *Preferências e descrições do experimento (cont.)*

Preferências	Preço	Desjejum	Serviço
1	1	1	0
2	1	1	1

Para escolher o modelo ordinal logit no SPSS, na tela do *SPSS Data Editor*, iniciar clicando em [*Analyze*], em seguida [*Regression*] e [*Ordinal*]. Clicar em Preferência [Preferência] e na seta para definir a variável dependente. Marcar o preço do pernoite [Preço], desjejum [Desjejum], serviço de quarto [Serviço] e na seta para definir os fatores. A tela exibida pelo SPSS terá aparência semelhante à figura 1. Clicar [*Options*...] e em Link: optar por "Logit". Clicar [*Continue*] e [OK].

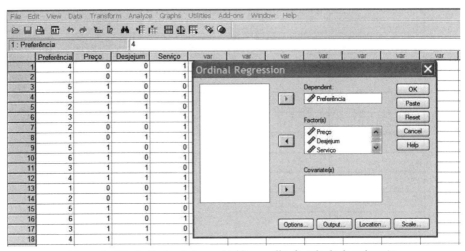

Figura 1: Tabulação dos dados no SPSS e escolha do método de estimação.

O teste qui-quadrado do modelo

As tabelas a seguir reproduzem exatamente os resultados fornecidos pelo SPSS. A tabela 5, denominada *Model Fitting Information*, fornece uma informação fundamental para nos certificarmos de que a estimação do modelo de análise conjunta pelo método da regressão ordinal foi bem-sucedida. O qui-quadrado do modelo é igual 39,981 com três graus de liberdade, o que resulta em significância igual a zero. Isto é bom ou ruim?

O modelo estimado é representado por seus coeficientes, os quais representam as utilidades parciais dos fatores, cuja notação algébrica é Vk^2.

A incapacidade em prever as variações nas preferências é máxima quando não possuímos nenhum modelo com capacidade preditiva. O valor do -2LL [3] para um modelo representado apenas por seu intercepto é igual a 71,086. Qualquer resultado abaixo deste valor representará um ganho.

Quando ajustamos o modelo de regressão ordinal com as variáveis preditoras representadas por três fatores – Preço do Pernoite, Desjejum e Serviço de Quarto –, o erro ou incapacidade preditiva reduziu para 45,683.

Portanto, já sabemos que o qui-quadrado representa o -2LL para o modelo, significando o ganho que se obtém a partir da sua especificação, neste caso igual a 25,403 (71,086 – 45,683). Será tanto melhor quanto mais este valor se aproximar de 71,086 [4].

O teste consiste na hipótese nula de que o modelo estimado pode apresentar todos seus coeficientes nulos. O nível de significância inferior a 0,05, no caso igual a zero, indica que fomos bem-sucedidos no teste. Neste caso, existe pelo menos um coeficiente $V(Sjk)$ significativamente diferente de zero e com habilidade preditiva.

Tabela 5: *Model Fitting Information*

Model	-2 Log Likelihood	Chi-Square	df	Sig.
Intercept Only	71,086			
Final	45,683	25,403	3	.000

Link function: Logit.

---

2 São os coeficientes do modelo, similares aos *βj* nos modelos de regressão linear.
3 -2LL é a abreviação de *-2 x log likelihood*, ou seja, a probabilidade de que um valor estimado pelo modelo proposto seja igual ao valor observado é denominada verossimilhança, ou *likelihood* no idioma Inglês. O problema é que esta probabilidade é um valor pequeno, situado entre 0 e 1, portanto, é usual extrair seu logaritmo e multiplicá-lo por -2.
4 É semelhante à análise da soma dos quadrados nos mínimos quadrados ordinários. Por analogia, o -2LL do intercepto reflete a Variação Total; o -2LL do Modelo Final reflete a Variação não Explicada; e o qui--quadrado reflete a Variação Explicada pelo Modelo.

O teste de bondade do ajustamento

A partir da comparação entre os valores estimados pelo modelo e os observados, poderemos obter as medidas de Pearson[5] e de Razão de Verossimilhança [6], descritas na tabela 7. Tais estatísticas devem ser utilizadas com cautela quando: (a) o modelo possui uma ou mais variáveis independentes contínuas; (b) o número de fatores com escala binária é grande; (c) o número de níveis de um ou mais fatores é grande. Em qualquer dos casos o resultado é a ocorrência de várias células vazias ou com valores esperados pequenos, situação inadequada para a utilização destes testes. Neste caso, conforme a tabela 6, o SPSS gera um quadro alertando (Warnings) sobre a quantidade e proporção de células vazias.

Tabela 6: *Warnings*

| There are 18 (50.0%) cells (i.e., dependent variable levels by combinations of predictor variable values) with zero frequencies. |

Tabela 7: *Goodness-of-Fit*

	Chi-Square	Df	Sig.
Pearson	40,916	22	,008
Deviance	24,353	22	,329

Link function: Logit.

Neste exemplo, o SPSS detectou 18 células vazias, representando a metade das 36 células disponíveis. Aparentemente as 18 células restantes contendo informações são capazes de proporcionar um tamanho amostral suficiente para justificar a exatidão dos testes de bondade do ajustamento.

O teste consiste na hipótese nula de que o modelo ajusta os dados adequadamente. A hipótese será aceita quando a diferença entre os valores observados e estimados não for relevante, resultando em um nível de significância superior a 0,05.

---

5 A estatística de Pearson é calculada por: $\chi^2 = \sum \frac{(Oij - Eij)^2}{Eij}$

6 A estatística Razão de Verossimilhança (*Deviance*) é calculada por: $D = 2\sum Oij \ln\left(\frac{Oij}{Eij}\right)$

Apesar de o teste qui-quadrado de Pearson ter resultado abaixo de 0,05, o que inviabilizaria o modelo proposto, o teste de razão da verossimilhança revelou o contrário, confirmando a hipótese nula de que o modelo é adequado. A constatação de que as estatísticas de bondade do ajustamento resultaram em decisões contraditórias é possível, motivo pelo qual se recomenda consultar a significância do modelo a partir de ambas estatísticas.

O teste do pseudo R2

Trata-se de uma medida equivalente ao coeficiente de determinação utilizado nos mínimos quadrados ordinários, entretanto, não pode ser interpretado de um modo tão objetivo, como a proporção da variância explicada pelo modelo. As variantes de cálculo de Cox-Snell, Nagelkerke e McFadden, fornecidas na tabela 8, são todas estatísticas do tipo pseudo-R2 e devem ser interpretadas pelo tamanho do efeito, quanto maior melhor.

Cox-Snell[7] representa uma analogia ao coeficiente de determinação múltiplo sob a ótica da verossimilhança. Seu valor é sempre menor do que 1 e, no mínimo, igual a 0. É obtido da seguinte forma:

$$R^2 CoxSnell = 1 - exp(-25,403 / 30) = 0,571$$

Onde 25,403 é o resultado do -2LL para o modelo (veja o quadro *Model Fitting Information*), e 30 é o número de tratamentos.

Nagelkerke representa uma modificação no valor do Cox-Snell com o intuito de assegurar que o domínio do pseudo-R2 esteja sempre compreendido entre 0 e 1.

McFadden propõe uma relação entre o -2LL do modelo especificado e o -2LL do intercepto (modelo nulo), portanto, quanto mais seu valor aproximar-se de 1, melhor é a capacidade de explicação a partir dos coeficientes.

Os resultados do exemplo são razoáveis para Cox-Snell e Nagelkerke, mas pouco significativos para McFadden.

---

[7] $R^2 = 1 - exp\left[-\dfrac{-2LLm}{N}\right]$, sendo *-2LLm* a variação explicada e *N*, o número de tratamentos.

Tabela 8: *Pseudo R-Square*

Cox and Snell	,571
Nagelkerke	,588
McFadden	,236

Link function: Logit.

A estimativa das utilidades totais por tratamento

Na tabela 10 observamos uma síntese do ajustamento. A coluna da estatística Wald é utilizada para testar a significância de cada coeficiente individualmente, ou seja, verifica a hipótese nula de que o coeficiente possa assumir o valor zero. Esta estatística resulta da relação entre os coeficientes não padronizados da regressão ordinal e o erro padrão. É similar ao teste de significância "t" dos mínimos quadrados ordinários. Caso o coeficiente revele que o teste Wald resultou não significativo, recomenda-se que seja removido do modelo, uma vez que nada agrega em termos de explicação.

O exemplo apresenta os coeficientes para preço do pernoite e desjejum altamente significativos, entretanto, o serviço de quarto resultou em uma estatística Wald igual a 2,069, cujo teste de significância é igual a 0,150, superior ao nível máximo de 0,05 e, portanto, não significativo.

A preferência possui escala invertida em relação a ordem dos valores, onde o número 1 significa que esta alternativa domina as demais e o número 6, por outro lado, indica que a alternativa é totalmente dominada.

Os coeficientes (*Estimates*) dos fatores (*Location*) indicam as utilidades parciais. Uma vez que o modelo é aditivo, significa que basta somarmos os coeficientes ponderados pelas características para que tenhamos uma estimativa das utilidades totais para cada tratamento[8].

Observe que o modelo de regressão ordinal logit estimou em 3,489, -3,600 e -1,215 os coeficientes para o preço do pernoite [Preço], o tipo de desjejum [Desjejum] o serviço de quarto [Serviço], respectivamente. Para entender melhor às suas contribuições para a utilidade total, verificamos na tabela 4 que algumas colunas foram removidas, para evitarmos o problema de colinearidade entre níveis. O conjunto de dados que foi informado ao SPSS tem a configuração da tabela 9:

---

8 O índice da utilidade total obedece à sequência de tratamentos observada na tabela 2. Para o seu cálculo, utilizar a $Uj^* = \sum_{k} Vk.Xjk + \varepsilon j = Zj + \varepsilon j$

Tabela 9: *Características dos níveis informados ao SPSS*

Fatores/Valores dos Níveis	0	1
Preço do Pernoite	R$ 90	R$ 100
Desjejum	Calórico	Light
Serviço de Quarto	1 x ao dia	Contínuo

Observemos um tratamento no qual o preço do pernoite é R$ 90; o desjejum é calórico e o serviço de quarto ocorre uma vez ao dia. Assim:

$U1 = -3,489x0 + 3,600x0 - 1,215x0 = 0$

Este seria o tratamento com utilidade total estimada igual a zero, para a amostra pesquisada, o que não significa dizer que não possui utilidade nenhuma. Por ser uma medida intervalar, assim como a temperatura, o valor 0 indica certa posição relativa, jamais sua ausência.

O tratamento com a maior utilidade pode ser facilmente deduzido, simplesmente pela observação da magnitude das utilidades parciais. Seria aquele cujo preço do pernoite é de R$ 90, desjejum Light e serviço de quarto uma vez ao dia.

$U2 = Z2 = -3,489x0 + 3,600x1 - 1,215x0 = 3,600$

O tratamento de menor utilidade total é aquele cujo preço de pernoite é igual a R$ 100, desjejum calórico e serviço de quarto contínuo:

$U6 = Z6 = -3,489x1 + 3,600x0 - 1,215x1 = -4,704$

Portanto, a amplitude das utilidades para os tratamentos é igual a 3,600 - (-4,704) = 8,304.

Tabela 10: *Parameter Estimates*

		Estimate	Std. Error	Wald	df	Sig.	95% Confidence Interval Lower Bound	95% Confidence Interval Upper Bound
Threshold	[Preferência = 1]	-2.459	.883	7.750	1	.005	-4.189	-.728
	[Preferência = 2]	-1.137	.760	2.235	1	.135	-2.627	.354
	[Preferência = 3]	-.082	.734	.013	1	.911	-1.520	1.356
	[Preferência = 4]	1.422	.822	2.993	1	.084	-.189	3.032
	[Preferência = 5]	3.362	.984	11.687	1	.001	1.435	5.290
Location	[Preço=0]	-3.489	1.017	11.763	1	.001	-5.482	-1.495
	[Preço=1]	0(a)	.	.	0	.	.	.
	[Desjejum=0]	3.600	.911	15.603	1	.000	1.814	5.386
	[Desjejum=1]	0(a)	.	.	0	.	.	.
	[Serviço=0]	-1.215	.844	2.069	1	.150	-2.870	.440
	[Serviço=1]	0(a)	.	.	0	.	.	.

Link function: Logit.
a This parameter is set to zero because it is redundant.

Estimativa das probabilidades de preferência por tratamento

Para cada tratamento, podem ser calculadas as probabilidades para as ordens de preferência de 1 a q, dependendo dos pontos de corte δ_1, demonstrados no conjunto de coeficientes *Estimate Threshold* da tabela 10, sendo:

$$P(Uk = 1) = \frac{1}{1 + exp(Zk - \delta_1)}$$

$$P(Uk = 2) = \frac{1}{1 + exp(Zk - \delta_2)} - \frac{1}{1 + exp(Zk - \delta_1)} \text{, etc.}$$

$$P(Sk = q) = 1 - \frac{1}{1 + exp(Zk - \delta_{k-1})}$$

Capítulo 7 – Modelos Logit Ordenados Generalizados • 127

O cálculo das probabilidades de preferência $p[U_k]$ para os tratamentos é fornecido diretamente pelo SPSS[9]. Em [*Analyze*] [*Regression*] [*Ordinal*], clicar em [*Output*] e no conjunto *Saved Variables*, escolher *Estimated Response Probabilities*. O SPSS fornecerá os resultados diretamente na tela principal do *SPSS Data Editor*, onde as colunas EST1_1 até EST6_1 informam as probabilidades de que as preferências sejam de 1 (a preferida) a 6, para cada tratamento.

Observe que estas probabilidades se repetem na medida em que o grupo de tratamentos, cada qual identificado pelas variáveis categóricas X_{ji}, é replicado entre os entrevistados.

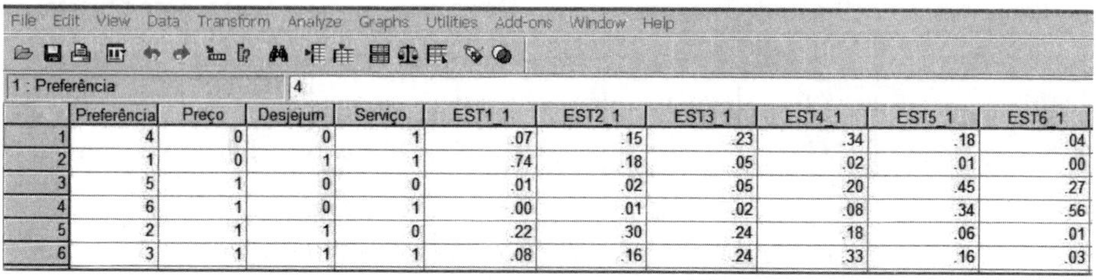

Figura 2: Probabilidades p[Sj] para os tratamentos.

As tabelas 11a à 11f foram extraídas da figura 2 e caracterizam as probabilidades *p[Sj]* associadas a cada tratamento utilizado no experimento deste exemplo.

Tabela 11a: *Probabilidades de preferência para o tratamento 2*

Tratamento	Preço do Pernoite	Desjejum	Serviço de Quarto			
2	R$ 90	Ênfase em calóricos	Uma vez ao dia			
Ordem	1	2	3	4	5	6
Probabilidade	7%	15%	23%	34%	18%	4%

Tabela 11b: *Probabilidades de preferência para o tratamento 4*

Tratamento	Preço do Pernoite	Desjejum	Serviço de Quarto			
4	R$ 90	Ênfase em light	Uma vez ao dia			
Ordem	1	2	3	4	5	6
Probabilidade	74%	18%	5%	2%	1%	0%

---

9 As transformações são necessárias por estarmos trabalhando com um modelo *logit*, por natureza, logarítmico e inverso.

Tabela 11c: *Probabilidades de preferência para o tratamento 5*

Tratamento	Preço do Pernoite		Desjejum		Serviço de Quarto	
5	R$ 100		Ênfase em calóricos		Contínuo	
Ordem	1	2	3	4	5	6
Probabilidade	1%	2%	5%	20%	45%	27%

Tabela 11d: *Probabilidades de preferência para o tratamento 6*

Tratamento	Preço do Pernoite		Desjejum		Serviço de Quarto	
6	R$ 100		Ênfase em calóricos		Uma vez ao dia	
Ordem	1	2	3	4	5	6
Probabilidade	0%	1%	2%	8%	34%	56%

Tabela 11e: *Probabilidades de preferência para o tratamento 7*

Tratamento	Preço do Pernoite		Desjejum		Serviço de Quarto	
7	R$ 100		Ênfase em light		Contínuo	
Ordem	1	2	3	4	5	6
Probabilidade	22%	30%	24%	18%	6%	1%

Tabela 11f: *Probabilidades de preferência para o tratamento 8*

Tratamento	Preço do Pernoite		Desjejum		Serviço de Quarto	
8	R$ 100		Ênfase em light		Uma vez ao dia	
Ordem	1	2	3	4	5	6
Probabilidade	8%	16%	24%	33%	16%	3%

Importância relativa de cada fator

E quais fatores se revelaram mais importantes na decisão pela escolha de um hotel, segundo a opinião da amostra consultada? Esta informação é de extrema importância para o gerente do hotel, uma vez que se revelam fatores que definem a escala de preferências dos consumidores. A importância relativa de cada fator é obtida a partir dos seus coeficientes ou utilidades parciais.

Para calcular a importância relativa de cada fator precisamos saber o valor das suas amplitudes máximas, apenas possível com a análise das utilidades parciais. As amplitudes para os fatores são iguais a:

A[Preço] = |(-3,489x0) − (-3,489x1)| = 3,489

A[Desjejum] = |(3,600x0)-(3,600x1)| = 3,600

A[Serviço] = |(-1,215x0)-(-1,215x1)| = 1,215

$$\sum_{k=1}^{3} Uk = 3,489 + 3,600 + 1,215 = 8,304$$

Importância do Preço do Pernoite

I_1 = 3,489 / 8,304 = 0,4202 = 42,02%

Importância do tipo de Desjejum

I_2 = 3,600 / 8,304 = 0,4335 = 43,35%

Importância do Serviço de Quarto

I_3 = 1,215 / 8,304 = 0,1463 = 14,63%

O resultado da pesquisa recomenda que o gerente do hotel enfatize o tipo de desjejum e, também, o nível de preços. O modo como o serviço de quarto é realizado não é relevante na decisão sobre a escolha do hotel, ao menos para a amostra coletada.

Subconjuntos de tratamentos

A característica principal do método fatorial completo é possibilitar a visualização do delineamento fatorial completo, o qual contém a combinação de todas as alternativas possíveis determinadas pelos fatores e os seus níveis. Assim, o entrevistado pode comparar as possibilidades analisando "o todo" e optar pela sequência de tratamentos que melhor reproduz a sua preferência. Entretanto, `a medida que aumenta o número de fatores, operar com o método completo torna-se trabalhoso, chegando a ponto de se tornar inviável. Neste caso, a opção é trabalhar com um subconjunto de tratamentos por meio de um procedimento denominado *delineamento fatorial fracionário*.

Neste método, seleciona-se um número de tratamentos igual à quantidade total de níveis. Para o exemplo do hotel existem dois níveis para o preço do pernoite, dois níveis para o tipo de desjejum e dois níveis para o serviço de quarto: 2+2+2=6. Até aí tudo bem, uma vez que não houve redução do número de tratamentos. Entretanto, suponha que o gerente do hotel optou por incluir um novo fator, a localização do hotel, com três níveis: central, próximo aos parques, próximo ao aeroporto. A opção completa contaria com 24 tratamentos, enquanto a opção fracionária teria: 4x3=12. Neste caso, é importante que ocorram delineamentos ótimos, ou seja, os tratamentos sejam *ortogonais* e *equilibrados*. Como vimos anteriormente, por ortogonalidade entende-se que não existem fatores correlacionados entre si. Para que haja equilíbrio espera-se que todos os níveis sejam apresentados o mesmo número de vezes.

A tabela 12 apresenta um possível subconjunto ortogonal e equilibrado de fatores para o exemplo deste capítulo. Entretanto, de modo a assegurar a *plausibilidade* do subconjunto exposto, os tratamentos 3 e 4 deverão ser removidos, uma vez que, na opinião do gerente do hotel, é impraticável oferecer o serviço de quarto contínuo a um preço promocional de R$ 90. Estes tratamentos serão utilizados para a estimativa das utilidades e da importância de cada fator. Um subconjunto adicional contendo quatro tratamentos pode ser gerado para validar o experimento, a exemplo da tabela 13.

Tabela 12 – *Delineamento fatorial fracionário para estimativa (incluindo localização)*

Tratamento	Preço	Desjejum	Serviço	Localização
1	R$ 90	Ênfase em calóricos	Uma vez ao dia	Central
2	R$ 90	Ênfase em light	Uma vez ao dia	Parques
3*	R$ 90	Ênfase em calóricos	Contínuo	Aeroporto
4*	R$ 90	Ênfase em light	Contínuo	Central
5	R$ 90	Ênfase em calóricos	Uma vez ao dia	Parques
6	R$ 90	Ênfase em light	Uma vez ao dia	Aeroporto
7	R$ 100	Ênfase em calóricos	Contínuo	Central
8	R$ 100	Ênfase em light	Contínuo	Parques
9	R$ 100	Ênfase em calóricos	Uma vez ao dia	Aeroporto
10	R$ 100	Ênfase em light	Uma vez ao dia	Central
11	R$ 100	Ênfase em calóricos	Contínuo	Parques
12	R$ 100	Ênfase em light	Contínuo	Aeroporto

(*) Estes tratamentos serão removidos da tabela.

Tabela 13 – *Delineamento fatorial fracionário para validação (incluindo localização)*

Tratamento	Preço	Desjejum	Serviço	Localização
1	R$ 90	Ênfase em calóricos	Uma vez ao dia	Aeroporto
2	R$ 90	Ênfase em light	Uma vez ao dia	Central
3	R$ 100	Ênfase em calóricos	Uma vez ao dia	Parques
4	R$ 100	Ênfase em light	Contínuo	Central

Nem sempre é possível garantir que o delineamento seja totalmente ortogonal, ou seja, que inexista correlação entre os seus fatores. Neste exemplo, o gerente do hotel declarou que não seria possível oferecer serviço de quarto a todo instante cobrando um preço de R$ 90, assim, os tratamentos 1 e 3 da tabela 2 eram impraticáveis. Tal situação evidencia um problema de violação ao princípio da ortogonalidade. Neste caso, optamos por eliminar tais tratamentos e trabalhar com um subconjunto denominado *delineamento fatorial fracionário*.

Outra possibilidade é combinar dois ou mais fatores altamente correlacionados em um único, denominado *fator conjugado*. Por exemplo, suponha que optamos por incluir mais um fator ao presente modelo, denominado Cordialidade das Camareiras, com dois níveis: "disponível a qualquer momento" e "reservada". É de se esperar que ocorra um congestionamento de preferências em torno de duas possibilidades: (a) "serviço de quarto contínuo" e "disponível a qualquer momento"; e (b) "serviço de quarto uma vez ao dia" e "reservada", evidenciando um problema de correlação entre fatores. A proposta é criar um fator conjugado, resultante da combinação dos dois anteriores, neste caso denominado "Atenção das Camareiras", cujos dois níveis podem ser "24 horas ao dia com serviço de quarto" ou "reservada, uma vez ao dia".

O cuidado não se restringe apenas aos fatores correlacionados. Deve ser assegurada a *plausibilidade* do tratamento. Neste caso, os tratamentos inaceitáveis ou impraticáveis devem ser removidos, de modo a evitar escolhas irreais e qualquer percepção de descrença por parte do entrevistado. Ademais, o estímulo óbvio, demasiadamente otimista ou pessimista, resultante de uma combinação sistemática de níveis favoráveis ou desfavoráveis, respectivamente, também deve ser removido.

Alguns cuidados devem ser observados ao se utilizar modelos logit ordenados:

1) Formular o objetivo da pesquisa com exatidão, uma vez que ele influenciará na seleção dos fatores.

2) Ser parcimonioso na determinação dos fatores e níveis associados, uma vez que isto influenciará no *delineamento fatorial completo*. Exemplificando: se temos três fatores com dois níveis cada, o número de tratamentos é oito. Basta que se adicione um fator com dois níveis para que os tratamentos saltem para 16! Por outro lado, se resolvermos ter dois fatores com dois níveis e outros dois com três níveis, os tratamentos se elevam para 36!

3) Quando estiver utilizando o modelo, por considerar apenas relações diretas, deve-se estar atento para a existência de relação *interativa* entre fatores.

4) Escolher um método de apresentação dos tratamentos aos entrevistados, podendo ser por: (a) *trocas* - quando são escolhidos os tratamentos por comparação dois a dois; (b) *perfil completo* – quando os tratamentos são apresentados e uma ordem de preferência é solicitada; (c) *comparação aos pares* – uma escala de avaliação de preferência é associada a uma troca entre dois tratamentos na comparação dois a dois. O método de perfil completo é mais simples e abrangente, portanto, adotado com maior frequência.

Exercícios

1. Explique o motivo pelo qual o delineamento deve ser ortogonal, equilibrado e plausível.

2. Em qual situação é recomendável que utilizemos um delineamento fatorial fracionário?

3. Um experimento sobre a avaliação da atmosfera de um quiosque de cafezinho apresenta os seguintes fatores:

Fator 1 – ambiente: música ambiente ou tela de televisão;

Fator 2 – serviço: balcão ou mesas;

Fator 3 – iluminação: ampla ou discreta.

Elabore uma tabela com delineamento fatorial completo para o experimento.

Execute um experimento de perfil completo consultando cinco colegas.

Faça uma tabela com as preferências e descrições resultantes do experimento.

Tabule os dados no SPSS, estime o modelo utilizando Regressão Ordinal e faça a análise dos resultados, interprete as probabilidades de preferência e importância dos fatores.

Referências

ALDRICH, J.H. & NELSON, F.D. *Linear Probability, Logit and Probit Models*. Thousand Oaks: Sage, 1984.

BOROOAH, V.K. *Logit and Probit*: ordered and multinomial models. Thousand Oaks: Sage, 2002.

CLOGG, C.C. & SHIHADEH, E.S. *Statistical Models for Ordinal Data*. Thousand Oaks: Sage, 1994.

DEMARIS, A. *Logit Modeling: practical applications*. Thousand Oaks: Sage, 1992.

McCULLAGH, P. Regression Models for Ordinal Data. Journal of *the Royal Statistical Society: Series* B, v.42, n.2, p.109-142, 1980.

VERMUNT, J.K. (1997), Log-Linear Models for Event Histories. Thousand Oaks: Sage.

Capítulo 8
Correlação Canônica

A correlação canônica é uma técnica utilizada para analisar o grau de relacionamento entre dois conjuntos de dados, cada qual contendo pelo menos duas variáveis. Hotelling (1935, 1936) foi o precursor em desenvolver a lógica desta técnica. Bartlett (1947) propôs os testes de relacionamento entre os dois conjuntos de dados, condicionando a amostra ser aleatória e obtida a partir de uma população com distribuição normal multivariada. A técnica apenas passou a ser adotada a partir da década de 1970, com a resolução dos algoritmos por computadores.

Thompson (1984, p.10) enumera as questões que esta técnica se propõe a responder:

Em que medida o primeiro conjunto pode ser previsto ou explicado a partir do segundo conjunto?

Quanto contribui uma variável para o poder explicativo do conjunto das variáveis ao qual ela pertence?

Quanto contribui uma variável para o poder explicativo e preditivo do conjunto das variáveis ao qual ela *não* pertence?

Quais dinâmicas estão envolvidas na habilidade de um conjunto em explicar, de modos alternativos, diferentes partes do outro conjunto?

Que poder relativo as diferentes funções canônicas possuem para prever ou explicar os relacionamentos?

Quão estáveis são os resultados canônicos ao longo das amostras ou subgrupos?

Quão próximos os resultados canônicos obtidos estão dos esperados?

Assim como na regressão múltipla, as variáveis para cada um dos dois conjuntos devem subordinar-se aos pressupostos de *linearidade* das relações, *homocedasticidade, normalidade multivariada* e ausência de elevada *multicolinearidade*, baixo erro de mensuração, tamanho adequado da amostra e ausência de *outliers*.

A variável canônica resulta da combinação linear do conjunto de variáveis originais, ou seja, representadas no formato como foram informadas pelo pesquisador. Neste caso, sejam $\{X_1, X_2, ..., X_p\}$ e $\{Y_1, Y_2, ..., Y_q\}$ os dois conjuntos de variáveis, independente e dependente, respectivamente. O desenvolvimento algébrico do método é[1]:

$U_i = a'_{ij} X_j$, $j=1,...,p$

$V_i = b'_{il} Y_l$, $l=1,...p$

---
1 Adaptado de Manly (2005).

Sendo U_i e V_i variáveis canônicas, independente e dependente, respectivamente, e $i=1,...r$, sendo r o menor valor entre p e q. As variáveis canônicas U_i e V_i também são denominadas variáveis latentes.

Sejam as matrizes de correlações:

A com dimensão pp entre as variáveis independentes X_j;

B com dimensão qq entre as variáveis dependentes Y_l;

C com dimensão pq entre as variáveis independentes X_j e as variáveis dependentes Y_k.

Então:

$(B^{-1} C' A^{-1} C - \lambda I) b = 0$

$a = A^{-1} C b$

Onde:

λ são os autovalores sendo $\lambda_1 > \lambda_2 > ... > \lambda_r$;

I é a matriz identidade;

a são os autovetores a_{ij}, ou *pesos canônicos* da função para U_i;

b são os autovetores b_{ij}, ou *pesos canônicos* da função para V_i.

Especificação dos conjuntos dependente e independente

O exemplo a seguir foi adaptado a partir de um estudo realizado por Baloglu, Weaver e McCleary (1998) correlacionando as categorias de hotéis por um lado, com os atributos do outro.

O primeiro conjunto é composto por cinco categorias de hotéis, determinado como contendo as variáveis dependentes:

Tabela 1 - *Identificação das variáveis dependentes* Y_i

VAR00001	VAR00002	VAR00003	VAR00004	VAR00005
SIMPLES	ECONOMICO	TURISTICO	SUPERIOR	LUXO

O segundo conjunto é composto por atributos que podem influenciar na escolha de determinado hotel, contendo as variáveis independentes:

Tabela 2 - *Identificação das variáveis independentes* X_i

VAR00006	VAR00007	VAR00008	VAR00009	VAR00010
ENTRETENIMENTO	SERVIÇO_QUARTO	SEGURANÇA	DESIGN	RECOMENDAÇÃO
VAR00011	VAR00012	VAR00013	VAR00014	
FAMILIARIDADE	DESJEJUM	LOCALIZAÇÃO	PREÇO	

Para executar a correlação canônica no SPSS, na tela do SPSS Data Editor trabalharemos com uma macro, a qual será construída no ambiente *Syntax* do SPSS.

Para tal, é melhor antes de tudo carregar o arquivo com [*File*], [*Open*], [*Data*] e o nome do arquivo, no exemplo *CanonicaHoteis.sav*.

Em seguida, clicar em [*File*], [*New*] e [*Syntax*].

Na tela do editor do *Syntax* digite:
```
INCLUDE 'Canonical correlation.sps'.
CANCORR SET1=varlist1 /
        SET2=varlist2 /.
```

Para este exemplo:
```
INCLUDE 'Canonical correlation.sps'.
CANCORR SET1=SIMPLES ECONOMICO TURISTICO SUPERIOR LUXO /
SET2=ENTRETENIM SERVICO SEGURANCA DESIGN RECOMEND FAMILIARID
DESJEJUM LOCALIZAC PRECO /.
```

Ainda na tela do editor do *Syntax* clique em [*Run*], [*All*].

As correlações para as variáveis dependentes originais, no modelo algébrico denominado **B**:

Tabela 3 - *Matriz de correlações **B** para a variável dependente Yi*

```
Correlations for Set-1
         SIMPLES  ECONOMIC  TURISTIC  SUPERIOR    LUXO
SIMPLES   1.0000    .4348     .0140    -.5064   -.6454
ECONOMIC   .4348   1.0000     .2185    -.4027   -.4342
TURISTIC   .0140    .2185    1.0000     .2246   -.0125
SUPERIOR  -.5064   -.4027     .2246    1.0000    .4985
LUXO      -.6454   -.4342    -.0125     .4985   1.0000
```

As correlações para as variáveis independentes originais, no modelo algébrico denominado **A**:

Tabela 4 - *Matriz de correlações **A** para a variável dependente Xi*

```
Correlations for Set-2
Columns    1 -    8
          ENTRETEN SERVICO SEGURANC DESIGN RECOMEND FAMILIAR DESJEJUM LOCALIZA
ENTRETEN   1.0000   .7463   .8210   .7915   .8243   -.4416    .5397   -.0942
SERVICO     .7463  1.0000   .7226   .7661   .7412   -.3733    .5466    .0536
SEGURANC    .8210   .7226  1.0000   .8005   .8100   -.4632    .5416   -.1218
DESIGN      .7915   .7661   .8005  1.0000   .7869   -.4653    .4765   -.1343
RECOMEND    .8243   .7412   .8100   .7869  1.0000   -.4625    .5167   -.1142
FAMILIAR   -.4416  -.3733  -.4632  -.4653  -.4625   1.0000   -.2332    .3112
DESJEJUM    .5397   .5466   .5416   .4765   .5167   -.2332   1.0000    .2951
LOCALIZA   -.0942   .0536  -.1218  -.1343  -.1142    .3112    .2951   1.0000
PRECO      -.8129  -.7523  -.8351  -.8077  -.8272    .4337   -.5388    .1182
Columns    9 -    9
            PRECO
ENTRETEN   -.8129
SERVICO    -.7523
SEGURANC   -.8351
DESIGN     -.8077
RECOMEND   -.8272
FAMILIAR    .4337
DESJEJUM   -.5388
LOCALIZA    .1182
PRECO      1.0000
```

As correlações entre as variáveis dependentes e independentes, no modelo algébrico denominado **C**:

Tabela 5 - *Matriz de correlações cruzadas **C** entre Y_i e X_i*

```
Correlations Between Set-1 and Set-2
Columns    1  -    8
         ENTRETEN  SERVICO  SEGURANC  DESIGN  RECOMEND  FAMILIAR  DESJEJUM  LOCALIZA
SIMPLES   -.6848   -.5855   -.7061   -.6620   -.6743    .3741    -.4602    .1188
ECONOMIC  -.5157   -.4258   -.5230   -.5023   -.5156    .4705    -.2617    .3783
TURISTIC   .0164    .1162    .0177    .0101    .0358    .1588     .3261    .4570
SUPERIOR   .5954    .6216    .6016    .6471    .5938   -.3864     .5294    .0191
LUXO       .7438    .6396    .7170    .6741    .7215   -.3739     .4782   -.1002
Columns    9  -    9
          PRECO
SIMPLES    .6732
ECONOMIC   .5360
TURISTIC  -.0057
SUPERIOR  -.6069
LUXO      -.7264
```

Correlações canônicas

As correlações canônicas são em número de cinco, correspondentes a menor dimensão entre os dois conjuntos – cinco variáveis dependentes contra nove independentes.

Tabela 6 - *Correlações canônicas*

```
Canonical Correlations
1         .892
2         .565
3         .281
4         .156
5         .128
```

Cada correlação canônica mensura o resultado da combinação linear entre as variáveis canônicas ou latentes. No primeiro caso, o par representado pelos conjuntos U1 e V1 está situado em determinada dimensão com característica ortogonal[2] aos demais conjuntos, mas cuja combinação linear maximiza a correlação entre ambos, neste caso igual a 0,892.

Segundo Cooley e Lohnes (1971, p.169) "[...] o modelo canônico seleciona funções lineares que possuem os maiores domínios para as covariâncias [...]". É possível interpretar o grau de dependência entre U_i e V_i do mesmo modo que em análise de regressão.

---

[2] Entende-se por *dimensão com característica ortogonal* a restrição de que as funções canônicas sejam independentes entre si. Para o exemplo, o par de variáveis latentes - ou canônicas - $[U_1, V_1]$, possui relação nula com os demais pares $[U_i, V_i]$, para i=2,...,5.

O autovalor λ_i é igual ao quadrado da correlação canônica, assim, $\lambda_1 = 0,892^2 = 0,796$. Nesta dimensão, 79,6% da variância é compartilhada entre as variáveis canônicas U_1 e V_1. Este valor mede o poder de explicação da variância de um conjunto pelo outro.

Uma regra de bolso estabelece que uma explicação de 10% já é interessante, o que resultaria em uma correlação canônica de aproximadamente 30%.

Testes de significância

A significância estatística das correlações canônicas é testada por meio do Lambda de Wilks associado ao χ^2, o qual representa um teste aproximado entre os dois conjuntos, proposto por Bartlett (1947)[3] para a situação onde a amostra é aleatória e possui distribuição normal multivariada.

A análise da significância ocorre passo a passo. Caso o valor de "p" associado com a estatística F de razão entre variâncias seja superior a determinado nível de significância, a hipótese nula de inexistência de correlação entre os dois conjuntos é rejeitada. Convenciona-se utilizar um limite para "p" igual a 0.05, abaixo do qual seus valores indicam que a correlação canônica é significativa, ou seja, de que a combinação linear proposta entre os dois conjuntos de variáveis – dependente e independente – é suficiente para explicar a variância existente entre ambos.

Na tabela 7 estão computadas as estatísticas de Wilks e os respectivos valores do χ2 para todas as dimensões. A primeira linha contém o teste para a situação na qual todos os autovalores são considerados como presentes nos dois conjuntos. Os resultados para Wilks e χ^2 revelam 0,123 e 503,505, respectivamente. O resultado foi animador, uma vez que foi constatada a impossibilidade de verificação da hipótese nula, de que a correlação canônica entre os dois conjuntos pudesse resultar em zero.

---

[3] $\chi_t^2 = -\left[n - \left(\frac{p+q+3}{2}\right)\right] \sum_{k=t}^{r} ln(1-\lambda_k)$, onde: n é o número de observações, $t=1,...r$, p e q representam o número de variáveis independentes e dependentes, respectivamente. O Lambda de Wilks é o exponencial do segundo membro da equação, ou

$Wilks = exp\left[-\sum_{k=t}^{r} ln(1-\lambda_k)\right]$. O grau de liberdade é dado por pq.

Parte-se, então, para o segundo passo, onde são removidas duas variáveis, uma de cada conjunto, e o grau de liberdade passa para 4x8=32. São considerados todos os autovalores, menos o primeiro, resultando em um χ^2 igual a 122,314. A segunda correlação canônica se revela significativa.

O procedimento de exclusão de variáveis e autovalores se repete, sendo que as demais correlações canônicas resultaram em não significativas.

Apesar de o teste fornecer indicações sobre a significância do grau de explicação da variância entre os conjuntos canônicos, segundo Manly (2005, p.147), não é confiável.

Tabela 7 - *Testes de significância para as correlações canônicas*

```
Test that remaining correlations are zero:
     Wilk's   Chi-SQ     DF       Sig.
1    .123     503.505    45.000   .000
2    .601     122.314    32.000   .000
3    .884     29.700     21.000   .098
4    .960     9.911      12.000   .624
5    .984     3.971      5.000    .554
```

Pesos canônicos

Os *coeficientes canônicos* são também denominados *pesos canônicos*, denotados no modelo algébrico por a_{ij} e b_{il}, e representam os coeficientes das variáveis canônicas U_i e V_i, respectivamente A forma padronizada para as variáveis, com média igual a zero e variância igual a um, é usual no cômputo dos coeficientes. Seus *valores* absolutos determinam a contribuição relativa que cada variável proporciona para a correlação canônica, portanto, quanto maior o valor do peso canônico, maior o grau de importância da variável que o corresponde.

O primeiro conjunto é aquele das variáveis dependentes. São cinco funções canônicas, sendo que a primeira delas, V_1, possui seus pesos canônicos b_{l1} representados por:

V_1 = -0,303.SIMPLES - 0,226.ECONOMICO + 0,010.TURISTICO + 0,298.SUPERIOR + 0,429.LUXO

O poder de explicação de cada variável, para a primeira função canônica, pode ser avaliado em termos proporcionais. A categoria luxo participa com:

0,429/(0,303+0,226+0,010+0,298+0,449) = 0,334 ou 33,4%.

Observe que as contribuições são avaliadas em módulo, independentes do sinal.

Tabela 8 - *Pesos canônicos padronizados para a variável canônica dependente V_i*

```
Standardized Canonical Coefficients for Set-1
                1         2         3         4         5
SIMPLES      -.303      .061     -.348      .400    -1.241
ECONOMIC     -.226     -.511      .280    -1.033     -.178
TURISTIC      .010     -.748      .111      .762      .220
SUPERIOR      .298     -.215    -1.041     -.605     -.330
LUXO          .429     -.127      .786      .107    -1.033
```

Tabela 9 - *Pesos canônicos brutos para a variável canônica dependente V_i*

```
Raw Canonical Coefficients for Set-1
                1         2         3         4         5
SIMPLES      -.323      .065     -.370      .427    -1.323
ECONOMIC     -.284     -.642      .352    -1.299     -.224
TURISTIC      .017    -1.241      .185     1.265      .365
SUPERIOR      .373     -.269    -1.302     -.757     -.413
LUXO          .457     -.135      .838      .114    -1.102
```

O segundo conjunto é aquele das variáveis independentes. Assim como nas variáveis dependentes, são cinco funções canônicas, sendo que a primeira delas, U_1, possui seus pesos canônicos b_{l1} representados por:

U_1 = 0,221.ENTRETENIM + 0,084.SERVICO + 0,181.SEGURANC + 0,148. DESIGN + 0,142.RECOMEND – 0,068.FAMILIARID + 0,154.DESJEJUM – 0,104. LOCALIZAC – 0,161.PRECO

Da mesma forma, o poder de explicação de cada variável, para a primeira função canônica, pode ser avaliado em termos proporcionais. Por exemplo, a disponibilidade de entretenimento participa com:

0,221/(0,221+0,084+0,181+0,148+0,142+0,068+0,154+0,104+0,161) = 0,175 ou 17,5%.

Tabela 10 - *Pesos canônicos padronizados para a variável canônica dependente* U_i

```
Standardized Canonical Coefficients for Set-2
                1         2         3         4         5
ENTRETEN     .221      .149      .867     -.075     -.765
SERVICO      .084     -.109     -.547      .090     -.798
SEGURANC     .181     -.003      .521     -.335     1.549
DESIGN       .148     -.175     -.914    -1.339      .440
RECOMEND     .142     -.152      .519      .520      .106
FAMILIAR    -.068     -.249      .624     -.198      .126
DESJEJUM     .154     -.401     -.480      .886      .463
LOCALIZA    -.104     -.713      .143     -.447     -.182
PRECO       -.161     -.265     -.211     -.304      .877
```

Tabela 11 - *Pesos canônicos brutos para a variável canônica dependente* U_i

```
Raw Canonical Coefficients for Set-2
                1         2         3         4         5
ENTRETEN     .186      .125      .730     -.063     -.644
SERVICO      .088     -.114     -.574      .095     -.837
SEGURANC     .153     -.003      .441     -.284     1.312
DESIGN       .128     -.152     -.793    -1.162      .382
RECOMEND     .119     -.127      .435      .435      .089
FAMILIAR    -.094     -.344      .862     -.274      .174
DESJEJUM     .145     -.377     -.451      .833      .435
LOCALIZA    -.127     -.872      .175     -.547     -.222
PRECO       -.133     -.219     -.174     -.251      .725
```

Cargas canônicas

Entretanto, Levine (1977, p.18-19) não recomenda utilizar os valores dos pesos canônicos para justificar os graus de associação entre determinada variável canônica e suas variáveis originais. Alternativamente, o autor recomenda utilizar a carga canônica ou coeficiente de correlação estrutural, representada pela relação entre o escore da variável canônica com a variável observada padronizada, refletindo, portanto, a variância compartilhada entre ambas. A tabela resultante pode ser denominada cargas canônicas ou estrutura dos fatores.

Valores elevados para a carga canônica representam grande capacidade de contribuição; se esta for elevada ao quadrado, representará o poder de explicação de uma variável observada para a formação da variável canônica, baseado no conjunto o qual esta primeira pertence.

No conjunto das variáveis dependentes, observando a primeira variável canônica V_1 – ou latente – a menos da categoria *Turística* com carga canônica igual a 0,018, todas as demais apresentam contribuições importantes. A categoria *Luxo* explica as variações da variável canônica em 75,9%, resultado de $0,871^2$.

Tabela 12 - *Cargas canônicas para a variável canônica dependente V_i*

```
Canonical Loadings for Set-1
                 1       2       3       4       5
SIMPLES       -.829    .019   -.204    .199   -.481
ECONOMIC      -.661   -.506    .231   -.496   -.088
TURISTIC       .018   -.905   -.076    .405    .103
SUPERIOR       .758   -.271   -.561   -.167   -.096
LUXO           .871   -.042    .368   -.014   -.323
```

As cargas canônicas cruzadas relacionam os dois conjuntos, ou seja, associam as variáveis canônicas independentes U_i com as variáveis observadas dependentes Y_i. Segundo Hair (2005, p.369), "[...] as cargas cruzadas fornecem uma medida mais direta das relações de variáveis independentes-dependentes pela eliminação de um passo intermediário envolvido em cargas convencionais".

Neste caso, todas as variáveis dependentes à exceção da categoria *Turística* contribuem significativamente para a formação do primeiro fator. Já o segundo fator U_2, por outro lado, recebe contribuição importante apenas da categoria *Turística*.

Tabela 13 - *Cargas canônicas cruzadas entre as variáveis dependentes Y_i e a variável canônica independente U_i*

```
Cross Loadings for Set-1
                 1       2       3       4       5
SIMPLES       -.739    .011   -.057    .031   -.062
ECONOMIC      -.590   -.286    .065   -.077   -.011
TURISTIC       .016   -.512   -.021    .063    .013
SUPERIOR       .676   -.153   -.158   -.026   -.012
LUXO           .776   -.024    .104   -.002   -.041
```

No conjunto das variáveis independentes, a variável *Localização* é a única incapaz de proporcionar explicação significativa para o primeiro fator U_1, entretanto, é a mais significativa na explicação do segundo fator U_2, com $-0,918^2$ ou 84,3%.

Tabela 14 - *Cargas canônicas para a variável canônica independente U_i*

```
Canonical Loadings for Set-2
                 1       2       3       4       5
ENTRETEN       .920   -.023    .215   -.059   -.156
SERVICO        .823   -.212   -.167   -.085   -.299
```

SEGURANC	.918	-.017	.137	-.102	.263
DESIGN	.893	-.028	-.189	-.368	.023
RECOMEND	.905	-.042	.153	.052	-.040
FAMILIAR	-.553	-.364	.454	-.139	.007
DESJEJUM	.633	-.553	-.185	.422	.161
LOCALIZA	-.173	-.918	.060	-.110	-.133
PRECO	-.917	-.010	-.085	.004	.148

Neste caso, foram calculadas as cargas canônicas cruzadas entre as variáveis canônicas dependentes V_i e as variáveis observadas independentes X_i. O primeiro fator dependente V_1 recebe contribuição significativa de todas as variáveis, exceto a *Localização*. Esta, por sua vez, é a variável que contribui significativamente para a formação do segundo fator, proporcionando uma explicação de -0.519² ou 26,9%.

Tabela 15 - *Cargas canônicas cruzadas entre as variáveis independentes X_i e a variável canônica dependente V_i*

Cross Loadings for Set-2

	1	2	3	4	5
ENTRETEN	.820	-.013	.060	-.009	-.020
SERVICO	.734	-.120	-.047	-.013	-.038
SEGURANC	.819	-.010	.038	-.016	.034
DESIGN	.796	-.016	-.053	-.057	.003
RECOMEND	.807	-.024	.043	.008	-.005
FAMILIAR	-.493	-.206	.128	-.022	.001
DESJEJUM	.565	-.313	-.052	.066	.021
LOCALIZA	-.154	-.519	.017	-.017	-.017
PRECO	-.817	-.006	-.024	.001	.019

Redundância

As medidas de redundância vêm complementar uma necessidade de informação que as correlações canônicas ao quadrado não conseguem fornecer. Lembre-se de que uma correlação canônica elevada ao quadrado representa o grau de dependência entre as duas funções canônicas – independente: U_i e dependente: V_i – do mesmo modo que em análise de regressão. O problema é que, se por um lado sabemos quanto uma função canônica de um conjunto possui em comum com a outra, por outro não sabemos ainda qual a percentagem da variância das variáveis originais que um conjunto pode ser previsto a partir das variáveis canônicas do outro conjunto. Para isto precisamos calcular os coeficientes de redundância.

É importante mencionar ainda que: (a) a primeira função canônica sempre é a melhor preditora; (b) um alto nível de redundância significa elevada capacidade de previsão; (c) normalmente estaremos interessados na capacidade da função canônica independente U_i em prever as variâncias das variáveis do conjunto dependente Y_i; entretanto (d) o SPSS também fornece os níveis de redundância ao contrário, ou seja, avaliando a habilidade da função canônica V_i em prever as variâncias das variáveis do conjunto independente X_i.

A proporção da variância do conjunto das variáveis dependentes, explicada por suas próprias variáveis canônicas, reflete a variância compartilhada média. Esta é obtida a partir da carga canônica, lembrando que ela representa a relação entre o escore da variável canônica com sua própria variável observada padronizada. Assim, eleva-se a matriz da tabela 14 ao quadrado e extraem-se as médias para cada fator $V_{i:}$ a última linha correspondente às médias das cargas canônicas elevadas ao quadrado, ou a variância compartilhada média para V_i.

Tabela 16 – *Memória de cálculo das variâncias compartilhadas para a variável canônica dependente V_i*

	FATOR1	FATOR2	FATOR3	FATOR4	FATOR5
SIMPLES	0.6872	0.0004	0.0416	0.0396	0.2314
ECONOMIC	0.4369	0.2560	0.0534	0.2460	0.0077
TURISTIC	0.0003	0.8190	0.0058	0.1640	0.0106
SUPERIOR	0.5746	0.0734	0.3147	0.0279	0.0092
LUXO	0.7586	0.0018	0.1354	0.0002	0.1043
Médias	0.4915	0.2301	0.1102	0.0955	0.0727

Os resultados das médias da tabela 16 são gerados pelo SPSS com arredondamento na terceira casa decimal conforme tabela 17.

Tabela 17 – *Variâncias compartilhadas para a variável canônica dependente V_i*

```
          Redundancy Analysis:
Proportion of Variance of Set-1 Explained by Its Own Can. Var.
              Prop Var
    CV1-1        .492
    CV1-2        .230
    CV1-3        .110
    CV1-4        .095
    CV1-5        .073
```

As correlações canônicas da tabela 6 elevadas ao quadrado resultam nos autovalores λ_i, medidas que representam os graus de dependência entre U_i e V_i.

Tabela 18 – *Autovalores* λ_i

Correlações Canônicas	0.892	0.565	0.281	0.156	0.128
Autovalores	0.796	0.319	0.079	0.024	0.016

Assim, é possível calcular as redundâncias, que neste caso representam a proporção da variância do conjunto de variáveis dependentes Y_i explicada pelas variáveis canônicas contrárias U_i. Elas resultam do produto entre as variâncias compartilhadas médias da tabela 17 com os autovalores da tabela 18.

Por exemplo, para o conjunto de variáveis dependentes Y_1, a redundância é:

0,492 x 0,796, igual a 0,391.

Tabela 19 – *Redundâncias para o conjunto de variáveis dependentes*

```
Proportion of Variance of Set-1 Explained by Opposite Can.Var.
            Prop Var
  CV2-1      .391
  CV2-2      .074
  CV2-3      .009
  CV2-4      .002
  CV2-5      .001
```

É possível observar, a partir do autovalor, que 79,6% da variância é compartilhada entre as variáveis canônicas U_1 e V_1, refletindo o poder de explicação que a primeira possui sobre a segunda. Entretanto, U_1 explicar 39,1% (tabela 19) e V_1 explica 49,2% (tabela 17) das variâncias das variáveis dependentes originais Y_i.

A proporção da variância do conjunto das variáveis independentes, explicada por suas próprias variáveis canônicas, ou variância compartilhada média para U_i, está disponível na tabela 20.

Tabela 20 – *Variâncias compartilhadas para a variável canônica dependente U_i*

```
Proportion of Variance of Set-2 Explained by Its Own Can. Var.
            Prop Var
  CV2-1      .618
  CV2-2      .148
  CV2-3      .045
  CV2-4      .041
  CV2-5      .028
```

Embora de pouca utilidade por inverter o nexo causal, as redundâncias, ou a proporção da variância do conjunto de variáveis independentes X_i explicada pelas variáveis canônicas contrárias V_i, está disponível na tabela 21.

Tabela 21 – *Redundâncias para o conjunto de variáveis independentes*

```
Proportion of Variance of Set-2 Explained by Opposite Can.
Var.
            Prop Var
   CV1-1      .491
   CV1-2      .047
   CV1-3      .004
   CV1-4      .001
   CV1-5      .000
```

Exercícios

1- Qual dentre as duas estatísticas você recomendaria para justificar a contribuição que as variáveis canônicas proporcionam às variáveis originais – pesos canônicos ou cargas canônicas? Explique o motivo da sua escolha.

2- Para que serve a análise de redundância? Como é obtida?

3- Um experimento procurou avaliar a relação entre variáveis indicadoras do estilo de vida e variáveis que mensuravam a preferência por determinados canais de televisão. O primeiro conjunto – do estilo de vida – foi especificado como independente. A tabela com o levantamento amostral está no anexo A.

Variáveis indicadoras do estilo de vida:

X_1 – possui o hábito de praticar esportes;

X_2 – gosta de viagens e passeios ao ar livre;

X_3 – procura estar sempre bem informado;

X_4 – tem curiosidade e busca explicação para as coisas;

X_5 – gosta das pessoas e do convívio social.

Canais de televisão:

Y_1 – Esportes;

Y_2 – Notícias e Economia;

Y_3 – Ciências, Geografia e História;

Y_4 – Ação e Suspense;

Y_5 – Novelas e fatos do cotidiano.

Tabule os dados no SPSS e faça a análise das correlações canônicas. Verifique sobre a habilidade que o conjunto Estilo de Vida possui em explicar e predizer o conjunto Preferências por Canais.

Referências

BALOGLU, S.; WEAVER, P.; McCLEARY, K.W. Overlapping Product-Benefit Segments in the Lodging Industry: a canonical correlation approach. *International Journal of Contemporary Hospitality Management*, v.10, n.4, p.159-166, 1998.

BARTLETT, M.S. The General Canonical Correlation Distribution. *Annals of Mathematical Statistics*, v.18, p.1-17, 1947.

HOTELLING, H. The Most Predictable Criterion. *Journal of Educational Psychology*, v.26, p.139-142, 1935.

_____. Relations Between Two Sets of Variants. *Biometrika*, v.28, p.321-377, 1936.

LEVINE, M.S. *Canonical Analysis and Factor Comparison*. Quantitative Applications in the Social Sciences Series, n.6, Thousand Oaks: SAGE, 1977.

MANLY, B.F.J. (2005), *Multivariate Statistical Methods*: a primer. Boca Raton:Chapman & Hall/CRC.

THOMPSON, B. *Canonical Correlation Analysis*: uses and interpretation. Quantitative Applications in the Social Sciences Series, n.47, Thousand Oaks: SAGE, 1984.

Capítulo 9
Escalonamento Multidimensional

O escalonamento multidimensional (MDS do inglês *MultiDimensional Scaling*) tem por objetivo principal atribuir números à objetos como forma de arranjá-los em uma escala (*Scaling*), permitindo assim construir um diagrama que demonstre o relacionamento entre produtos, opiniões ou objetos pertencentes a um grupo, tomando por base as distâncias entre eles. O resultado final é um mapa perceptual, que pode ser representado ao longo de uma linha, plano, espaço ou qualquer outra dimensão. Desta forma, esta técnica procura representar medidas objetivas ou não, de distanciamento (ou proximidade) entre objetos, em uma escala de fácil interpretação. Esta ferramenta foi proposta por Young e Householder (1941) na tentativa de resolver problemas em psicografia, sendo posteriormente enriquecida com as contribuições de Torgerson (1952) para dados métricos e as de Shepard (1962a; 1962b) e Kruskal (1964a; 1964b) para dados não métricos. As principais características do MDS são:

1. Trata com objetos – produtos, serviços, imagens – cujas bases de comparação podem ser objetivas ou não.

2. Por possuir natureza decomposicional, não requer a especificação prévia de atributos, mas sim uma mera medida de avaliação, tal como a similaridade (ou dissimilaridade) entre objetos.

3. Identifica dimensões não reconhecidas nos dados, mas que afetam a maneira como os objetos são percebidos e avaliados.

4. Requer estabilidade na solução, evitando assim as *soluções degeneradas* causadas por dados inconsistentes ou número de respondentes insuficiente.

5. Não requer atendimento aos pressupostos de linearidade e normalidade.

6. Proporciona um mapa que possibilita a visualização das distâncias, ou similaridades, entre os objetos.

7. Possibilita o uso em marketing, para comparar marcas de produtos ou qualquer situação envolvendo classificações, preferências ou julgamentos pareados.

8. Permite a inferência da bondade do ajustamento, verificada por meio de uma medida de desajuste denominada Stress-1[1].

---

[1] A palavra "stress" é assim denominada pela analogia com a força necessária para que uma configuração com distâncias estimadas se deforme e atinja a configuração com distâncias reais.

Segundo Kruskal e Wish (1978), uma solução degenerada ocorre principalmente quando: (a) uma escala não métrica (ordinal) está sendo utilizada; (b) os objetos podem ser agrupados naturalmente em três grupos ou menos. Neste último caso, as dissimilaridades entre grupos de objetos são maiores que as dissimilaridades dentro de cada grupo.

O método convencional para a realização da análise é [2]:

1. O analista delineia a pesquisa determinando os objetos e os atributos os quais serão comparados [3]. Objetos podem estar representados na forma de produtos, serviços ou qualquer outro símbolo subjetivo. Os atributos de comparação podem ser objetivos, tais como rendimento e durabilidade, ou subjetivos – também denominados percebidos – a exemplo do aroma e sabor. A comparação poderá ocorrer de uma forma geral, tal como o objeto "A" ser julgado semelhante ao objeto "B" em todos os aspectos. Ou poderá ocorrer sob diversos atributos.

2. Estabelece se os dados serão métricos ou não. Associam-se aos primeiros as escalas de avaliação, indicativas do grau no qual dois objetos se assemelham. Os dados não métricos são obtidos por ordenação.

3. Determina o plano amostral contendo a quantidade e características dos sujeitos e o modo como serão entrevistados. Os dados coletados são tabulados no sistema.

4. O MDS posiciona os objetos em um espaço p-dimensional e calcula as distâncias euclidianas dij entre as variáveis "i" e "j", para uma dimensão específica "a".

$$d_{ij} = \sqrt{\sum_{a=1}^{p}(x_{ia} - x_{ja})^2}$$

5. Para dados métricos, é estimada uma regressão entre dij e as distâncias reais informadas δ_{ij}. A equação é $dij = \alpha + \beta ij + \varepsilon ij$, onde ε_{ij} é o resíduo e α e β_{ij} são constantes[4]. A equação $\hat{d}ij = \alpha + \beta ij$ representa a estimativa para δ_{ij} denominado por disparidade, sendo β_{ij} positivo quando a comparação for realizada por dissimilaridade, e negativo ao contrário. Caso os dados forem não métricos (ou ordinais),

---

[2] MANLY (2005, p.165) esclarece que os métodos variam entre diferentes softwares, entretanto, todos possuem um desenvolvimento similar, conforme apresentado.
[3] Incluir um pequeno número de objetos simplifica o esforço do entrevistado, facilitando a coleta de dados, entretanto, pode comprometer a estabilidade do modelo. Uma regra de bolso estabelece o número de objetos como sendo igual a quatro vezes o número de dimensões, resultado este acrescido de um (HAIR et al., 2005, p.432).
[4] Sob o pressuposto de que a transformação linear ajusta-se perfeitamente aos dados.

a transformação será monotônica[5] para as dissimilaridades e, ao contrário, inversa monotônica para as similaridades.

6. O objetivo é fazer com que a disparidade $\hat{d}ij$ localize-se o mais próximo possível da configuração dij. Para tanto, o desajuste entre ambas deve ser o menor possível. Assim, pela fórmula[6]:

$$Stress - 1 = \sqrt{\frac{\sum_i \sum_j (dij - \hat{d}ij)^2}{\sum_i \sum_j \hat{d}ij^2}} \qquad \text{para } j>i.$$

7. É calculado ainda o índice de ajuste ou correlação ao quadrado (RSQ), com o intuito de medir a proporção da variância das distâncias reais δ_{ij} explicada pelas disparidades $\hat{d}ij$. O significado deste índice é similar ao do coeficiente de determinação utilizado na análise de regressão.

8. Um pequeno ajuste é realizado no posicionamento dos objetos e o processo é repetido pelo programa a partir do passo 3 até que um valor para Stress-1 pequeno o suficiente seja obtido. Tal ponto de corte pode ser estabelecido pelo pesquisador.

Com relação aos atributos de comparação, quando não temos um atributo específico e avaliamos os objetos sob um aspecto geral, denominamos tal método *MDS decomposicional*. Por outro lado, quando os objetos são comparados sob vários atributos, tal método é denominado *MDS composicional*. O problema deste último é que, se por acaso algum atributo relevante para a comparação for esquecido, o mapa perceptual estará comprometido, decorrente do viés de especificação.

São cinco os modos como os dados poderão ser mensurados:

a) Objetivo: os dados são representados por medidas intervalares ou do tipo razão, a exemplo das distâncias entre clientes e filiais visando a um mapeamento para fins de entrega; ou a quantidade de reclamações classificadas por tipo e produto; ou a percentagem de empates que ocorrem entre os participantes de um campeonato de futebol. Neste caso, as distâncias entre os objetos são obtidas por meio da conversão da matriz de correlações (r) em dissimilaridades (1-r).

---

5 A monotonicidade decorre das propriedades ordinais das funções de utilidade (SIMON & BLUME, 1994). Neste caso, as discrepâncias são sempre maiores ou iguais às distâncias reais, assim a função de transformação preserva a ordem, ou seja, a declividade será sempre positiva (curva ascendente) ou zero (horizontal ou assintótica).
6 Proposta por Kruskal (1964a, 1964b).

b) Por escala ordinal: os participantes são solicitados a colocar "n" objetos em ordem, desde o mais preferido (igual a 1) até o mais evitado (igual a "n").

c) Pela preferência: os participantes devem indicar quais objetos são mais parecidos, "A" com "B" ou "A" com "C". É muito utilizado em testes cegos de degustação.

d) Por comparação pareada, a qual pode ser feita de duas maneiras: i) a dissimilaridade entre "A" e "B" deve ser julgada em uma escala, de 1 (totalmente iguais) a 9 (totalmente diferentes); ou ii) o entrevistado indicará sua preferência entre "A" e "B";

e) Por confusão: "n" objetos são apresentados ao entrevistado, o qual é solicitado a agrupá-los em "m" conjuntos, cada qual contendo sujeitos similares por preferência ou característica.

Quanto às distâncias, estas poderão ser informadas diretamente a partir dos graus de dissimilaridade entre pares de objetos. O formato das distâncias se caracteriza por uma matriz quadrada com zeros na diagonal principal. Neste caso, o tipos de matrizes podem ser:

i) *entre sujeitos avaliando-se entre si*, assim "i" avalia "j" e vice-versa, gerando uma matriz;

ii) *entre objetos*, onde cada sujeito manifesta suas preferências entre pares de objetos, gerando tantas matrizes simétricas quanto for o número de sujeitos, neste caso a matriz é retangular;

iii) *objetivas*, podem conter dissimilaridades entre objetos do tipo (1-r) ou distâncias físicas entre locais, são simétricas.

O SPSS oferece ainda uma possibilidade bastante poderosa de estimar as matrizes das distâncias entre objetos, a partir de uma matriz retangular métrica ou dicotômica, por meio da opção [*Create Distances from Data*]. Neste caso, as colunas são os objetos quando a opção escolhida for [*By Variables*]. As linhas são os objetos, quando a opção escolhida for [*By Cases*].

Tipos de modelos

Em MDS, os tipos de modelos dependem dos atributos de comparação – decomposicional ou composicional; do modo como os dados são mensurados; dos tipos de matrizes das distâncias, e se estas são ponderadas ou não.

• Os modelos MDS Clássico (CMDS) e MDS replicado (RMDS). O CMDS prevê as preferências ou dissimilaridades para um único sujeito, podendo ser métrico (escala intervalar ou razão) ou não métrico (escala ordinal), obtido por distâncias euclidianas é o mais elementar de todos. O RMDS é o CMDS para mais de um sujeito, ou mais de uma matriz[7].

• Quando se reconhece que os sujeitos conferem diferentes graus de importância para cada dimensão tem-se o MDS ponderado (WMDS). Neste caso, os pesos para cada sujeito são considerados na geração do mapa percentual consolidado para o grupo[8].

• Para matrizes assimétricas, a exemplo da situação na qual as distâncias de "i-j" e "j-i" são diferentes, utilizam-se as opções ALSCAL para uma única matriz e AINDS para mais de uma matriz.

Aplicação para o modelo RMDS

O primeiro exemplo que adotaremos será de um Modelo de Escalonamento Fatorial Clássico Replicado (RMDS) a ser utilizado para desenvolver um mapa perceptual de seis hotéis localizados na área central de uma grande cidade. Visando estabelecer uma comparação entre hotéis localizados no centro de uma cidade, uma pesquisa foi conduzida envolvendo dez agentes com bom conhecimento sobre o setor hoteleiro local. Foram solicitados a avaliar seis alternativas relativamente próximas entre si, os hotéis Ritz, Luxor, Carlton, Comfort, Classic e Holiday, cujas características são:

• Hotel Ritz (RZ): é aristocrático, possui arquitetura clássica, por ser requintado, oferece um restaurante luxuoso.

• Hotel Luxor (LX): teve sua fachada modernizada e interior redecorado. O restaurante é simples, utilizado apenas pelos hóspedes.

---

[7] Calculado por meio do algoritmo ALSCAL, criado por Takane, Young & de Leeuw (1977), o *Assymmetric Euclidian Distances Model* combina o MDS e o MDS ponderado (WMDS) em um único algoritmo, para dados métricos e não métricos.
[8] Utiliza o algoritmo INDSCAL (*Individual Differences Euclidian Distance*), criado por Bloxom (1968) e implantado computacionalmente por Carroll & Chang (1970).

- Hotel Carlton (CA): é antigo, possui decoração clássica e conservadora. O restaurante é pequeno e diversificado.

- Hotel Comfort (CO): é moderno, muito utilizado por executivos por possuir as comodidades necessárias aos homens de negócios, seu restaurante é aconchegante e bem requisitado.

- Hotel Classic (CL): é o mais caro da região, com arquitetura sóbria e conservadora, possui interior requintado e um restaurante classificado entre os melhores da cidade.

- Hotel Holiday (HO): recém-inaugurado, novo e funcional, possui um restaurante excepcional e instalações adequadas para pessoas que pretendem passar as férias em um hotel padrão turístico.

Foi adotada uma escala de nove pontos de dissimilaridades entre pares, variando do valor "1" para "totalmente similar" até o valor "9" para "totalmente diferente". As respostas dos seis entrevistados realizadas por comparação pareada estão demonstradas na tabela 1.

Observe que a diagonal principal de todas as matrizes contém zeros. A opinião do primeiro entrevistado é de que os hotéis Carlton e Luxor são totalmente similares e, por outro lado, os hotéis Holiday e Carlton são totalmente diferentes.

Tabela 1: *Matrizes contendo as respostas dos seis entrevistados*

	RZ	LX	CA	CO	CL	HO	RZ	LX	CA	CO	CL	HO
RZ	0	7	2	4	1	5	0	6	1	3	3	4
LX	7	0	1	2	7	3	6	0	2	1	7	3
CA	2	1	0	6	3	9	1	2	0	5	2	7
CO	4	2	6	0	8	1	3	1	5	0	7	3
CL	1	7	3	8	0	8	3	7	2	7	0	7
HO	5	3	9	1	8	0	4	3	7	3	7	0
RZ	0	5	1	3	1	4	0	5	3	4	1	4
LX	5	0	2	1	6	2	5	0	2	1	6	1
CA	1	2	0	4	2	8	3	2	0	5	2	8
CO	3	1	4	0	7	1	4	1	5	0	7	1
CL	1	6	2	7	0	7	1	6	2	7	0	9
HO	4	2	8	1	7	0	4	1	8	1	9	0

Tabela 1: *Matrizes contendo as respostas dos seis entrevistados (cont.)*

	RZ	LX	CA	CO	CL	HO	RZ	LX	CA	CO	CL	HO
RZ	0	6	1	3	2	5	0	6	1	4	2	4
LX	6	0	1	1	6	2	6	0	3	2	6	2
CA	1	1	0	5	3	9	1	3	0	5	2	9
CO	3	1	5	0	8	1	4	2	5	0	7	2
CL	2	6	3	8	0	7	2	6	2	7	0	8
HO	5	2	9	1	7	0	4	2	9	2	8	0

O modo como a tabela 1 foi organizada, em duas colunas com três matrizes, visa facilitar a visualização dos dados. Entretanto, não é desta forma que os dados são informados ao SPSS. As matrizes, cada qual contendo as avaliações das dissimilaridades fornecidas pelos entrevistados, deverão estar empilhadas uma sobre a outra, neste caso contendo seis colunas (seis objetos) e 36 linhas (seis objetos x seis entrevistados).

No SPSS clicar em [*Analyze*], [*Scale*], [*Multidimensional Scaling (ALSCAL)*]. Em seguida selecione todas as variáveis transferindo-as para o lado direito da tela. A tela terá o formato da figura 1. Observe que na seção "*Distances*" a opção escolhida é "*Data are distances*", uma vez que as matrizes informadas correspondem às distâncias coletadas por meio de medidas de dissimilaridades.

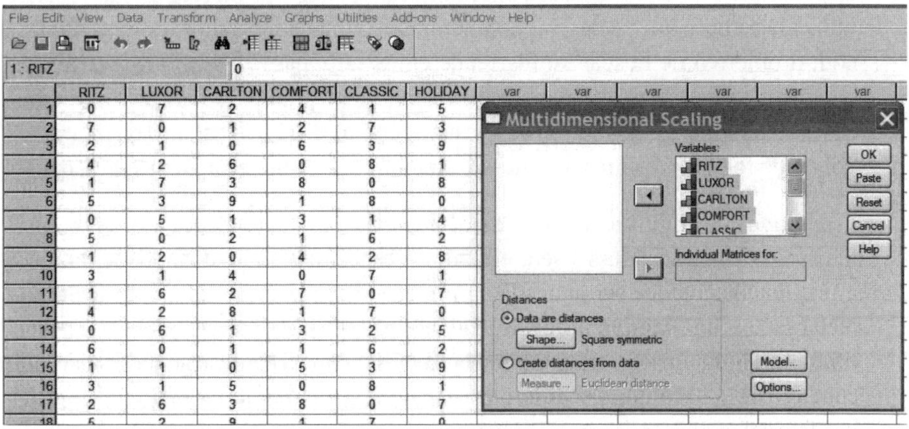

Figura 1: Tela do MDS ALSCAL

Ao clicar em [*Shape*] na seção "*Distances*" será disponibilizada uma tela com o aspecto da figura 2, para que seja informado o formato da matriz de dados, no caso é "*Square symmetric*", o padrão do sistema. Teclar em [*Continue*] para prosseguir.

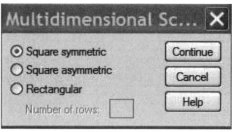

Figura 2: Formato da matriz de dados.

Na tela da figura 1 teclar [*Model*]. As opções para modelagem serão:

• *Level of Measurement*: o MDS trata com dados métricos (intervalares ou razão) e não métricos (ordinais). Para o caso dos dados ordinais, é oferecida ainda uma opção para declará-los como discretos ou contínuos. Caso seja escolhida a opção "*Untie tied observations*", os dados ordinais serão tratados como contínuos. Em nosso exemplo, estamos tratando com dissimilaridades em uma escala de 1 a 9, portanto nossas medidas são intervalares.

• *Conditionality*: "*Matrix*" é a opção padrão utilizada sempre que: i) as comparações entre as distâncias ocorrerem dentro da matriz envolvendo todos os objetos; ii) houver uma única matriz; iii) cada matriz representar um sujeito diferente. A opção "*Row*" funciona apenas para matrizes assimétricas ou retangulares, sendo utilizada sempre que se desejar comparar cada linha, uma a uma, com as demais, com o objetivo de buscar similaridade entre as linhas. "*Unconditional*" é uma combinação das duas alternativas anteriores. Utilizada para matrizes assimétricas ou retangulares, quando se deseja comparar as distâncias dentro da matriz envolvendo todos os valores. Em nosso exemplo, trataremos com a primeira opção.

• *Dimensions*: A proposta padrão é de duas dimensões, entretanto, caso sejam insuficientes o valor do Stress-I será elevado. A especificação da quantidade, limitada a seis no SPSS, deve ser avaliada com cuidado. Se por um lado, com o Stress-I melhorado evita-se uma solução degenerada, por outro surgem dificuldades na identificação das dimensões, sobre o que elas representam na explicação da similaridade entre os objetos. Uma alternativa é estabelecer este número por meio de uma análise fatorial exploratória com componentes principais não rotacionados. Em nosso caso, optaremos por duas dimensões, sendo uma relacionada ao padrão do hotel – sofisticado ou turístico – e outra relativa à sua arquitetura – clássica ou moderna.

• *Scaling Model*: Utiliza-se "*Euclidean distance*" como padrão. A opção "*Individual differences Euclidean distance*" deve ser adotada apenas quando o modelo é o MDS ponderado (WMDS).

A figura 3 demonstra as opções escolhidas. A escala de mensuração é intervalar; as distâncias serão comparadas entre si e dentro da matriz; serão duas dimensões e todos os sujeitos atribuem a mesma importância para cada uma das duas dimensões (o modelo não é ponderado).

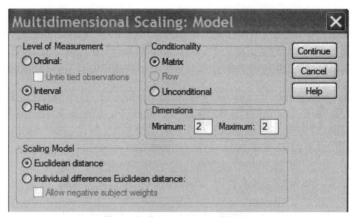

Figura 3: Opções para modelagem

As saídas possíveis do SPSS, bem como os critérios para convergência, poderão ser escolhidos ao clicar em [Opções...].

• O MDS utiliza um processo iterativo para a otimização do valor do S-Stress-1 baseado no "ganho" decorrente de cada deslocamento sucessivo das coordenadas. Este "ganho", representado pela redução no valor da estatística, converge até um ponto determinado pelo analista em "*S-stress convergence*"[9], proposto inicialmente pelo sistema como sendo 0,001. O limite no qual ϕ é julgado como satisfatório é fixado em 0,005 pelo sistema, valor este muito restritivo, quando comparado à faixa proposta por Kruskal & Wish (1978) para ϕ situado entre 0,1 e 0,05. Caso o analista venha a fixar este limite em zero, o sistema realizará a convergência até um número máximo de 30 iterações.

• *Group plots*: gera o mapa perceptual dos objetos nas dimensões especificadas e um diagrama de dispersão entre as distâncias reais δ_{ij} e as disparidades.

---

9 Utiliza a fórmula para o S-Stress-1 de Young baseada nas distâncias ao quadrado.

- *Individual subject plots*: é possível gerar mapas perceptuais e diagramas de dispersão para cada sujeito individualmente, entretanto, esta opção apenas pode ser ativada para dados não métricos (ou ordinais) cuja condicionalidade seja do tipo "*Matrix*".
- *Data matrix*: exibe as matrizes originais para cada sujeito.
- *Model and options summary*: todos os pressupostos da simulação são exibidos, sendo útil para checar o modo como o modelo foi especificado.

Na figura 4 estão marcadas as saídas desejadas para este exemplo, sendo o mapa perceptual e o diagrama de dispersão, bem como o sumário das especificações. Observe nos critérios de convergência que o limite para o Stress-1 foi reajustado em 0,05.

A saída do SPSS informa que o algoritmo adotado foi o ALSCAL. Os dados de entrada são compostos por medidas de distância numérica do tipo intervalar obtidas por dissimilaridade. O seis objetos avaliados – no caso os hotéis – estão dispostos em seis matrizes quadradas, cada qual contendo a avaliação de um dos seis sujeitos entrevistados.

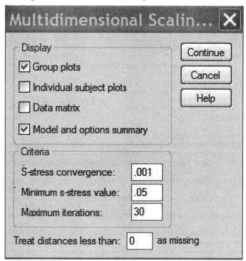

Figura 4: Opções de saída e critérios de convergência

Uma vez que não estamos trabalhando com dados ordinais com tratamento contínuo, o sumário deverá sempre exibir em "*Approach to Ties*" a opção "*Leave Tied*". A condicionalidade "Matrix" diz que estamos analisando as similaridades entre as distâncias dentro das matrizes.

A opção de modelagem é com o uso das distâncias euclidianas, cujas dimensões foram fixadas em duas.

Adicionalmente à saída padrão do MDS, as opções incluídas compreendem a lista de opções assinalada pelo analista (*Job Option Header*), o mapa perceptual (*Configurations*) e o diagrama de dispersão (*Transformations*).

Quanto aos limites estabelecidos para o algoritmo, o primeiro filtro tem a ver com a convergência, a qual deverá ocorrer no momento em que o ganho para o valor do Stress-1 for inferior a 0,001. Será avaliado simultaneamente com o segundo filtro, o qual fixa um piso para esta estatística igual a 0,05. Se nenhum dos dois filtros anteriores ocorrer, o último não permite que o número de iterações seja superior a 30.

```
Alscal Procedure Options


Data Options-

Number of Rows (Observations/Matrix).    6

Number of Columns (Variables) . . .      6

Number of Matrices   . . . . .           6

Measurement Level . . . . . . .     Interval

Data Matrix Shape . . . . . . .     Symmetric

Type  . . . . . . . . . .           Dissimilarity

Approach to Ties  . . . . . . .     Leave Tied

Conditionality .  . . . . . . .     Matrix

Data Cutoff at .  . . . . . . .      .000000


Model Options-

Model . . . . . . . . . . .         Euclid

Maximum Dimensionality  . . . . .       2

Minimum Dimensionality  . . . . .       2

Negative Weights  .  . . . . . .    Not Permitted
```

```
Output Options-

Job Option Header . . . . . . .        Printed
Data Matrices . . . . . . . .          Not Printed
Configurations and Transformations .   Plotted
Output Dataset . . . . . . . .         Not Created
Initial Stimulus Coordinates . . .     Computed

Algorithmic Options-

Maximum Iterations . . . . . .         30
Convergence Criterion . . . . .        .00100
Minimum S-stress . . . . . . .         .05000
Missing Data Estimated by . . . .      Ulbounds
```

O MDS atingiu rapidamente uma melhoria já na terceira iteração. O Stress-1 é igual a 0,18096 para a solução com duas dimensões, sugerindo que a inclusão de uma dimensão seria desejável[10]. Entretanto, com o objetivo de simplificar a análise do mapa perceptual, permaneceremos com as duas dimensões conforme especificadas previamente.

```
Iteration history for the 2 dimensional solution (in squared
distances)
                Young's S-stress formula 1 is used.
         Iteration      S-stress       Improvement
             1           .19169
             2           .18162          .01007
             3           .18096          .00066
                Iterations stopped because
         S-stress improvement is less than     .001000
```

O MDS calcula as medidas de Stress-1 e os índices de ajuste ou correlações ao quadrado (RSQ) para cada sujeito. Como observamos anteriormente, uma vez que nossa pretensão é de manter duas dimensões, seria recomendável que os valores fossem inferiores a 0,1, situação esta que não ocorreu. Por outro lado, os valores do coeficiente de

---

[10] Kruskal & Wish (1978) sugerem que se adicione uma dimensão quando o valor de Stress-1 for superior a 0,1 e, alternativamente, se remova uma dimensão quando este valor for inferior a 0,05.

ajuste representam a justificativa que buscávamos. Hair *et al.* (2005, p.436) recomenda que, para julgarmos o ajuste como aceitável o valor do coeficiente deve ser superior a 0,6 condição confirmada para todos os sujeitos. Observa-se, inclusive, que as dissimilaridades para um dos sujeitos apresentaram um RSQ excepcional, próximo a 0,9.

```
      Stress and squared correlation (RSQ) in distances

  RSQ values are the proportion of variance of the scaled data
  (disparities)

         in the partition (row, matrix, or entire data) which

         is accounted for by their corresponding distances.

            Stress values are Kruskal's stress formula 1.
```

Matrix	Stress	RSQ	Matrix	Stress	RSQ
1	.121	.854	2	.120	.863
3	.153	.771	4	.168	.716
5	.116	.873	6	.149	.783

Os valores médios para a medida de Stress-1 e para o índices de ajuste ou correlações ao quadrado (RSQ) são de 0,13922 e de 0,80997, respectivamente. No primeiro caso, o fato de o Stress-1 estar compreendido entre 0,2 e 0,1 sugere a inclusão de mais uma dimensão, entretanto, do modo como está pode ser julgado como razoável[11]. O RSQ informa, ademais, que o ajuste foi aceitável, uma vez que as disparidades estimadas apresentam uma capacidade de explicar em aproximadamente 81% o total das variações das distâncias reais entre objetos, como informadas pelos sujeitos da pesquisa.

```
        Averaged (rms) over  matrices
   Stress  =   .13922      RSQ =  .80997
```

A análise do mapa perceptual com duas dimensões é mais simples. O SPSS fornece as coordenadas para cada um dos objetos (denominados por estímulos). A primeira e a segunda dimensões estão representadas nos eixos das abcissas e ordenadas, respectivamente. O hotel Ritz, por exemplo, localiza-se no quadrante à direita (0,6729

---

11 Kruskal (1964a) fornece uma diretriz para a interpretação do valor do Stress-1 em termos de limites. O valor não deve ser superior a 0,2, caso contrário, teremos um resultado pobre. É razoável entre 0,1 e 0,2. Bom entre 0,05 e 0,1. Excelente entre 0,025 e 0,05. Perfeito abaixo disto.

positivo) e inferior (0,9190 negativo). O hotel Comfort está no lado oposto, no quadrante à esquerda (1,2047 negativo) e superior (0,1778 positivo).

```
            Configuration derived in 2 dimensions

                       Stimulus Coordinates

                            Dimension

Stimulus     Stimulus       1          2
Number         Name

   1          RITZ        .6729      -.9190

   2          LUXOR      -.6922      1.0719

   3          CARLTON    1.0689       .9282

   4          COMFORT   -1.2047       .1778

   5          CLASSIC    1.6153      -.4658

   6          HOLIDAY   -1.4603      -.7931
```

Um dos maiores desafios no uso desta técnica está em identificar o significado de cada dimensão e, assim, possibilitar a elaboração de uma análise plausível das características que tornam os objetos semelhantes ou diferentes entre si. Este é o motivo pelo qual recomenda-se com ênfase que o analista faça uma investigação prévia das características essenciais dos objetos, identificando seus atributos mais relevantes, e seja parcimonioso na especificação do modelo. Como *trade-off*, podemos afirmar que, se por um lado aumentamos o poder de explicação do modelo na medida que incluímos mais dimensões, por outro deterioramos a capacidade de explicar o significado de cada uma destas dimensões.

Em nosso exemplo fomos parcimoniosos, uma vez que a representação no plano nos oferece um modo relativamente simples de identificação, como pode se observar no mapa perceptual do gráfico 1.

Observando apenas a primeira dimensão, sem se preocupar com a segunda, fica evidente a separação entre dois grupos. De um lado estão os hotéis Holiday, Luxor e Comfort e de outro estão os hotéis Classic, Carlton e Ritz. Verificando a característica de similaridade a cada um destes dois grupos, constata-se que o primeiro é composto por hotéis que possuem arquitetura moderna, enquanto o segundo é composto por hotéis com arquitetura sóbria e conservadora. A primeira dimensão, portanto, tem a ver com a linha arquitetônica dos hotéis mais modernos, à esquerda e mais sóbrios, à direita.

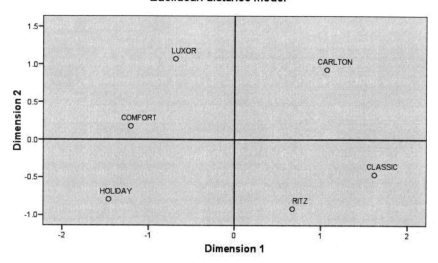

Gráfico 1: Mapa Perceptual para Duas Dimensões

Agora observando apenas a segunda dimensão, de um lado estão o Ritz, Holiday e Classic, de outro estão o Luxor e Carlton. Nesta dimensão, o hotel Comfort não se caracteriza como pertencente a nenhum dos dois grupos. O primeiro grupo possui restaurantes excepcionais, requintados e que são frequentados não apenas pelos clientes do hotel, mas também por outras pessoas. O segundo grupo possui restaurantes simples, destinados quase exclusivamente aos próprios hóspedes. O hotel Comfort, por possuir um restaurante razoável, foi classificado entre os dois grupos.

Ao olhar para o plano e, assim, fixar a atenção em ambas as dimensões, não é possível observar, com clareza, a ocorrência de nenhuma similaridade evidente entre qualquer dos pares de hotéis. Entretanto, podemos analisar pela ótica inversa, das dissimilaridades. Ritz e Classic por um lado, aparentam grande dissimilaridade quando comparados ao Luxor e Comfort por outro. Desta forma, observando grupos diametralmente opostos, é aceitável avaliar que, se o Classic possui algum outro hotel comparável a ele quanto à sua arquitetura clássica e ao atendimento do seu restaurante, esta é sem dúvidas o Ritz. Análise semelhante é extensível ao Luxor e suas possibilidades de comparação com o Comfort. Muitas possibilidades para estudos mercadológicos podem derivar de tais constatações, reforçando assim a utilidade do escalonamento multidimensional como uma excelente técnica exploratória.

O diagrama de dispersão ou de Shepard do gráfico 2 (*diagrama de dispersão*) exibe as disparidades no eixo das abcissas e as distâncias reais no eixo das ordenadas. As primeiras foram estimadas a partir do MDS escolhido por nós como possuindo duas dimensões. Imagine agora uma linha imaginária de 45 graus unindo as extremidades do gráfico.

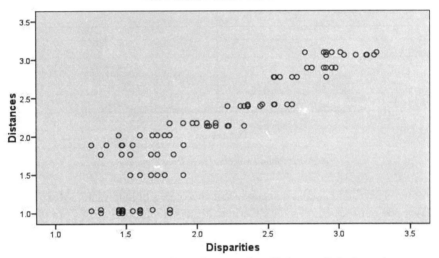

Gráfico 2: Diagrama de Shepard entre as disparidades e as distâncias reais

Pergunta-se: os pontos estão próximos desta linha? Não estão sobre a linha, mas estão razoavelmente próximos, verificamos que não ocorre nenhuma concentração de pontos em locais específicos, formando alguns poucos agrupamentos ou clusters. Ótimo, temos uma solução não degenerada, pois segundo Kruskal & Wish (1978), sempre que estes poucos agrupamentos são constatados, sugere que a solução é degenerada, obrigando o analista a alterar a dimensionalidade ou, na pior das hipóteses, a reespecificar o modelo.

Pergunta-se novamente: divida a linha em dois, os pontos da esquerda (inferiores) estão mais próximos que os pontos da direita (superiores), ou vice-versa? Parece não ser o caso, os pontos superiores e inferiores aparentam possuir os mesmos afastamentos. Ótimo, temos uma solução homocedástica, uma vez que os afastamentos não sugerem apresentar uma relação funcional que os torne dependentes das magnitudes das distâncias.

Modelo de Desdobramento Multidimensional

Agora vamos realizar uma pesquisa um pouco mais elaborada, na situação onde as proximidades refletem os atributos julgados como relevantes na comparação entre os hotéis. Para tanto, trabalharemos com o Desdobramento Multidimensional (*Unfolding MDS*), modelo proposto inicialmente por Coombs (1950) para a versão unidimensional e ampliado por Bennett & Hays (1960) para a versão multidimensional..

O desdobramento multidimensional opera com *pontos ideais*. Para entender o que estes significam observe o gráfico 3. O centro dos círculos refere-se ao ponto ideal do sujeito "A" relativo a duas dimensões I e II nos eixos das abcissas e ordenadas, respectivamente. Neste mapa encontram-se localizados os *pontos de estímulo*, estes relativos aos objetos enumerados de 1 a 6. Os círculos representam locais onde o sujeito "A" é indiferente, em termos de preferência, portanto, objetos que estiverem equidistantes relativamente a "A" serão igualmente preferidos. Assim, dentre todos os objetos o sujeito "A" prefere "4". Quando comparados apenas "1" e "2", "A" é indiferente. O mais distante na ordem de preferências é o objeto "5".

Borg & Groenen (1997, p.234) descrevem esta técnica da seguinte forma. Suponha que o gráfico 3 foi impresso em um fino lenço de papel. Se levantarmos o lenço segurando com os dedos o ponto representando o sujeito "A" e, sucessivamente, formos segurando cada um dos demais pontos com os dedos da outra mão, fazendo dobras, teremos ao final um lenço com várias dobras. Se, em seguida, desdobrarmos este lenço, nós obteremos as marcações dos afastamentos dos pontos em relação à "A" e, consequentemente, suas preferências. Desta descrição surge a denominação para a técnica, a qual consiste em comparar os pontos ideais dos sujeitos com os pontos de estímulo dos objetos.

172 • Análise Multivariada com o uso do SPSS

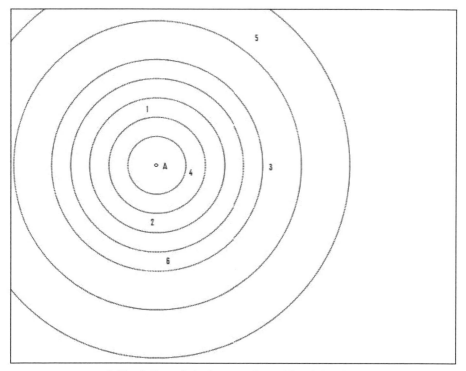

Gráfico 3: Isopreferências para o Ponto Ideal do Sujeito A

Na formação das preferências dos sujeitos, dentre os seis hotéis do exemplo anterior, alguns atributos são levados em consideração, os quais foram selecionados como sendo:

1. Entretenimento: disponibilidade de opções para o lazer, tais como piscina, sala de ginástica e sauna.

2. Serviço: presteza e zelo na limpeza e arrumação dos quartos, serviços de telefonia e lavanderia.

3. Conforto: mobília, ar-condicionado e calefação no quarto e banheiro, opções que facilitam ao descanso, entretenimento dentro do quarto e comunicação.

4. Decoração: estilo das mobílias, da arquitetura interna do hotel, iluminação, tapetes e obras de arte.

5. Desjejum: opções para o café da manhã.

6. Localização: proximidade das maiores atrações e facilidade de deslocamento utilizando a rede de transporte local.

7. Preço: custo do hotel incluindo taxas e desjejum.

8. Restaurante: cardápio, decoração e atendimento para almoço e jantar.

Uma amostra de 14 agentes de viagens foi solicitada a avaliar o posicionamento dos seis hotéis em relação aos oito atributos, utilizando uma escala de nove pontos, na qual "1 = péssimo" e "9 = excelente". Cada sujeito realizou 48 avaliações.

O algoritmo utilizado pelo SPSS para o cálculo de proximidades transformadas e das coordenadas é denominado *PREFSCAL* (BUSING, GROENEN & HEISER, 2005) e foi desenvolvido pelo *Data Theory Scaling System Group* (*DTSS*) da Faculdade de Ciências Sociais e Comportamentais da Universidade de Leiden, na Holanda.

O formato do arquivo foi organizado de forma que os atributos localizavam-se nas linhas, tendo sido interpretados pelo SPSS como *cases*. Os hotéis foram localizados nas colunas, em matrizes de seis linhas e oito colunas por entrevistado. Portanto, na figura 5 para a tela principal do desdobramento multidimensional, a entrada em "*Proximities*" correspondeu a uma matriz com tamanho de 112x6, as 112 linhas correspondendo aos oito atributos cujas avaliações foram repetidas pelos 14 sujeitos, e as colunas correspondendo aos seis hotéis.

Cada sujeito foi solicitado a estabelecer uma ordem de preferência para os oito atributos. Em seguida, esta ordem foi invertida para que, deste modo, funcionassem como pesos. A escala variou de '8=mais importante' a '1=menos importante'. Foi gerada uma variável ordinal denominada Peso_1 com 112 linhas (8 atributos x 14 sujeitos) correspondendo aos pesos para o Ritz. Uma vez que estes valores são os mesmos para os demais hotéis, as cinco outras variáveis – Peso_2 à Peso_6 – são cópias exatas de Peso_1. Estas seis variáveis foram os dados de entrada de "*Weights*".

Foi adicionada uma variável nominal denominada Atributos, identificando as correspondências entre linhas da matriz de entrada e os atributos, sendo: 1 = Entretenimento; 2 = Serviço; 3 = Conforto; 4 = Decoração; 5 = Desjejum; 6 = Localização; 7 = Preço; 8 = Restaurante. A variável consiste em um vetor de 112 linhas contendo as identificações dos atributos e foi dado de entrada para "*Rows*".

Ademais, foi adicionada outra variável nominal com 112 linhas denominadas Sujeitos, identificando as correspondências entre as linhas da matriz de entrada e os entrevistados, cujos valores variaram de 1 a 14, tendo sido o dado de entrada para "*Sources*".

A tecla [*Model*] da figura 5 é utilizada para especificar o modelo de desdobramento multidimensional. Uma vez acionada, surge a tela da figura 6, que demonstra as opções de entrada para o modelo. O modelo será configurado a partir das especificações fornecidas nesta tela:

- *Scaling Model*: refere-se ao modo como os sujeitos são tratados pelo modelo. Caso as dimensões sejam comuns a todos eles, escolher a opção padrão "*Identity*". Se cada sujeito tiver seu próprio espaço, com as dimensões do espaço comum a todos, ponderadas individualmente, então a opção será "*Weighted Euclidean*". Se, além disto, esta dimensão comum a todos for rotacionada, então a opção será "*Generalized Euclidean*".

- *Proximities*: Informaremos se estamos trabalhando com similaridades ou dissimilaridades. Se valores menores na escala refletem uma menor distância ou proximidade (maior preferência, melhor característica, maior importância), então teremos dissimilaridades. Se, ao contrário, quanto maior o valor na escala menor a distância ou menor a proximidade, então teremos similaridades. Em nosso modelo, quanto maior o escore do atributo, mais próximo do estímulo ele está, assim, se o primeiro sujeito atribuiu o escore "8" ao Entretenimento do Holiday, ele acredita que este atributo está muito próximo das características do hotel. Portanto, estamos trabalhando com similaridades.

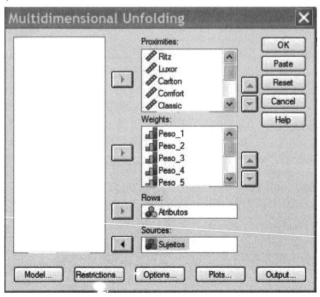

Figura 5: Tela principal do Desdobramento Multidimensional

- *Dimensions*: Como padrão, o sistema oferece duas dimensões. Se estabelecermos um número máximo e outro mínimo, o sistema processa as soluções passo a passo, partindo do número máximo de dimensões, diminuindo uma a uma até atingir o mínimo.

- *Proximity Transformations*: nem sempre estamos inclinados a trabalhar com as medidas originais das proximidades, seja pela necessidade de que tais valores estejam vinculados a uma escala compreensível ao problema, seja porque desejamos atribuir pesos diferentes à medida que os valores crescem na escala, assim poderemos selecionar as seguintes opções de transformação dos dados:

➢ Caso não queiramos alterar os valores, optaremos por *"None"* para mantê-los na forma original. Opcionalmente, poderemos somar uma constante a todos os valores, caso selecionarmos *"Include intercept"*.

➢ Se desejarmos multiplicar todos os termos por uma constante estimada pelo sistema, faremos uma transformação do tipo razão e escolheremos a opção *"Linear"*. Da mesma forma, opcionalmente poderemos ainda somar uma constante, realizando uma transformação intervalar ao escolher a opção *"Include intercept"*[12].

➢ Quando as proximidades recebem uma transformação do tipo amortecimento polinomial não decrescente por partes, temos uma opção *"Spline"* onde são informados: i) o grau da polinomial; ii) o número de nós para a divisão das partes; iii) se haverá a soma de uma constante.

➢ Quando pretendemos incluir um fator de amortecimento entre as proximidades, escolheremos *"Smooth"*. Os valores são tratados pelo sistema como sendo discretos, a menos que optemos por *"Untie tied observations"*, quando estaremos adotando valores ordinais contínuos.

➢ O modo mais simples de transformação, quando as proximidades são tratadas, é mantendo-se a ordem original. Assim como na opção anterior, apesar de serem estabelecidos como discretos, podendo ser alterados para contínuos.

- *Apply Transformations*: estabelece a direção na qual serão realizadas as transformações. Caso sejam realizadas linha a linha, tomando por base os sujeitos ou os atributos, a opção será *"Within each row separately"*. Caso sejam realizadas objeto a objeto, a opção será *"Within each source separately"*. Caso não haja condicionalidade, as transformações serão realizadas de uma única vez envolvendo todas as proximidades, independente do sujeito, objeto ou atributo. Neste

---

[12] Groenen & Velden (2004) alertam que, para o caso dos dados representarem dissimilaridades, a transformação deverá ser monotônica crescente, sendo assim aceitável qualquer tipo de transformação. Entretanto, se os dados representarem similaridades, a transformação deverá ser monotônica decrescente e, assim, a transformação do tipo razão não será possível, obrigando a inclusão do intercepto (tipo intervalar).

caso, a opção a ser escolhida será "*Across all sources simultaneously*".

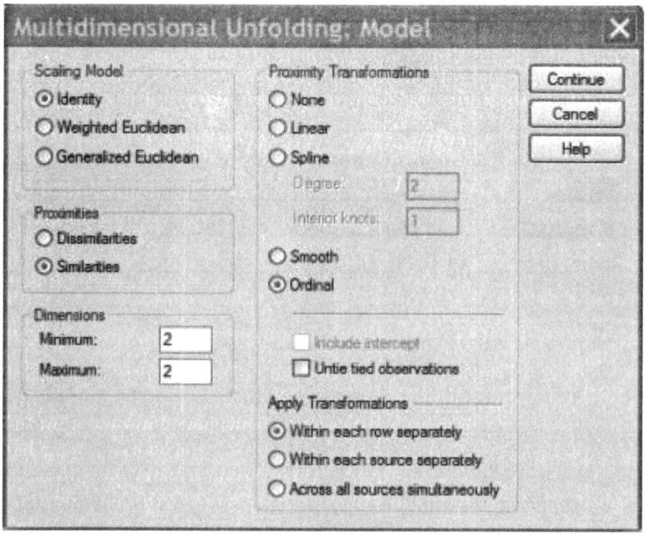

Figura 6: Tela de especificação do modelo

O analista pode intervir nos resultados do modelo e, consequentemente, no modo como o mapeamento perceptual será elaborado. Para tanto, deverá teclar [*Restrictions*] e fixar as coordenadas dos sujeitos e/ou atributos, escolhendo "*Restrictions on row coordinates*". Poderá ainda fixar as coordenadas dos objetos, escolhendo "*Restrictions on column coordinates*".

Para o caso das restrições com relação aos sujeitos ou atributos, informar a identificação do arquivo. Em seguida, selecionar as variáveis que contêm as restrições no espaço comum. A primeira conterá as coordenadas na primeira dimensão, a segunda conterá as coordenadas na segunda dimensão, e assim por diante. Sempre que a coordenada não for informada, o sistema entenderá que este valor não estará restrito, informando assim o valor calculado. O número de colunas da matriz será igual ao número máximo de dimensões. O número de linhas corresponderá ao número de sujeitos e/ou atributos. Quando as restrições ocorrerem com relação aos objetos, a racionalidade é a mesma.

Em nosso exemplo não imporemos nenhuma restrição sobre as coordenadas.

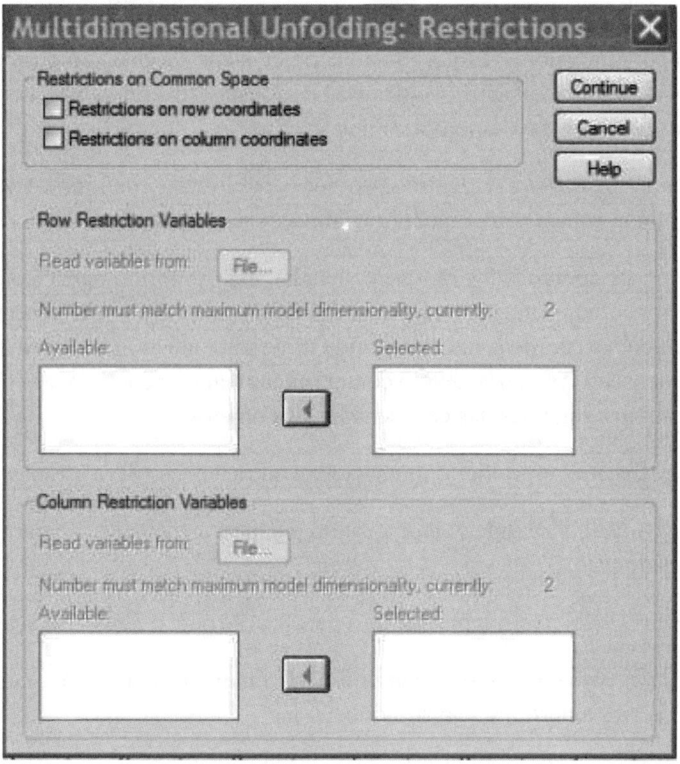

Figura 7: Restrições no espaço comum

A tecla [*Options*] estabelece os critérios para execução do algoritmo *PREFSCAL*, que calculará as coordenadas para linhas e colunas e as proximidades, observadas na figura 8. Uma vez que o processamento é iterativo, é necessário fixar a configuração de partida e os critérios para convergência.

- *Initial Configuration*: estabelece uma solução inicial para as proximidades transformadas e as coordenadas de partida para as linhas e as colunas. Os métodos são:

➤ *Classic*: é executado o método clássico para a MDS a partir de uma matriz simétrica preenchida pela matriz retangular de proximidades.

➤ *Ross-Cliff*: utiliza os resultados de uma decomposição do valor singular da matriz de proximidades quadrada e duplamente centrada.

➤ *Correspondence*: utiliza os resultados de uma análise de correspondência nas similaridades com normalização simétrica nos escores das linhas e colunas.

- ➢ *Centroid*: posiciona os sujeitos ou atributos das linhas utilizando a decomposição por autovalores. Em seguida, os objetos das colunas são posicionados na centroide das escolhas especificadas. Para estas, atribui-se um valor positivo inteiro entre um e o número de objetos.

- ➢ *Multiple random starts*: dentre as soluções para várias configurações aleatórias, é escolhida aquela com a menor penalização para o Stress-1[13].

- ➢ *Custom*: as coordenadas são especificadas pelo próprio analista, sendo que a primeira coluna contém as coordenadas da primeira dimensão, a segunda coluna contém as coordenadas da segunda dimensão, até atingir o número máximo de dimensões. As linhas devem conter inicialmente as coordenadas dos sujeitos ou atributos, seguidas das coordenadas dos objetos.

- • *Iteration Criteria*: especifica o momento em que a iteração deve ser interrompida.

- ➢ *Stress convergence*: interrompe quando o ganho na penalização para o Stress-1 atinge um piso.

- ➢ *Minimum stress*: interrompe quando a penalização para o Stress-1 atinge um piso.

- ➢ *Maximum iterations*: limite máximo para o número de iterações caso nenhum dos critérios anteriores seja atingido.

- • *Penalty Term*: o algoritmo minimiza a penalização para o Stress-1. O valor para "*Strenght*" estabelece o rigor da penalização, o qual deve estar localizado entre zero e um. Quanto mais próximo de zero, mais rigorosa é a penalização. O valor para "*Range*" estabelece o momento no qual a penalização tornar-se-á efetiva, estando desativada quando igual a zero. Quanto maior este valor, maiores serão as variações entre as proximidades transformadas.

---

[13] A penalização para o Stress-1 representa uma medida da bondade do ajustamento resultante do produto entre esta estatística e o valor da penalidade resultante do coeficiente de variação das proximidades transformadas.

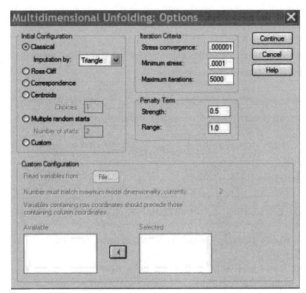

Figura 8: Especificações de partida e convergência do algoritmo.

Com a tecla [*Plots*] no menu principal o analista poderá selecionar as opções de exibição gráfica dos resultados do modelo na figura 9:

• "*Plots*" apresenta as seguintes alternativas:

➢ *Multiple starts*: histograma do Stress-1 e da penalização.

➢ *Initial common space*: gráficos das colunas (no exemplo, os objetos) e linhas (no exemplo, os atributos) do espaço comum inicial.

➢ *Stress per dimension*: gráfico da penalização do Stress-1 para cada dimensionalidade.

➢ *Final common space*: gráficos das colunas (os objetos) e nas linhas (os atributos) do espaço comum final.

➢ *Space weights*: diagrama de dispersão dos pesos para cada espaço individual. Esta opção torna-se ativa quando, na tela de especificação do modelo na figura 6, a opção escolhida para "Scaling Model" for "*Weighted Euclidean*" ou "*Generalized Euclidean*".

> *Individual spaces*: gráficos do espaço individual para cada fonte (para cada sujeito). Possui a mesma condição da opção "Space weights".

> *Transformation plots*: diagrama de dispersão das proximidades originais *versus* as proximidades transformadas.

> *Shepard plots*: diagrama de dispersão das proximidades originais versus as proximidades transformadas (por linhas) e distâncias (por pontos).

> *Diagrama de dispersão of fit*: diagrama de dispersão das proximidades transformadas *versus* as distâncias.

> *Residuals plot*: diagrama de dispersão das proximidades transformadas *versus* os resíduos (proximidades transformadas – distâncias).

• *Row Object Styles*: possibilita controlar as cores e marcas dos atributos e sujeitos.

• *Source plots*: caso os gráficos tenham sido especificados por fonte (os sujeitos), esta opção possibilita escolher as fontes que serão plotadas.

• *Row plots*: caso as transformações tenham sido especificadas por linha (os atributos), esta opção possibilita escolher as linhas que serão plotadas.

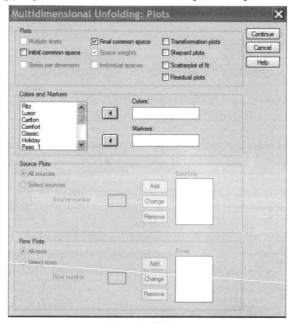

Figura 9: Gráficos

A tecla [*Output*] disponibiliza a tela da figura 10. A secção "*Display*" permite decidir sobre o detalhamento dos resultados do modelo.

• *Input data*: proximidades originais, pesos, configuração inicial e as coordenadas fixas.

• *Stress for random starts*: os números aleatórios gerados e os valores correspondentes do Stress-1 penalizado.

• *Initial data*: coordenadas do espaço comum inicial.

• *Iteration history*: registro das iterações.

• *Fit measures*: vários coeficientes de precisão do ajustamento.

• *Stress decomposition*: decomposição do Stress-1 penalizado para cada associação entre a linha (atributo) e a coluna (objeto). Inclui ainda a média e o desvio padrão para as linhas e colunas.

• *Common space coordinates*: coordenadas do espaço comum final.

• *Distances*: distâncias entre os objetos.

• *Individual space weights*: pesos dos espaços individuais. Esta opção torna-se ativa quando, na tela de especificação do modelo na figura 6, a opção escolhida para "*Scaling Model*" for "*Weighted Euclidean*" ou "*Generalized Euclidean*".

• *Individual space coordinates*: coordenadas dos espaços individuais. Possui a mesma condição de "*Individual space weights*".

• *Transformed proximities*: proximidades transformadas.

A opção "*Save to New File*" permite que as coordenadas do espaço comum, pesos do espaço individual, distâncias e proximidades transformadas sejam armazenados em arquivos SPSS individuais.

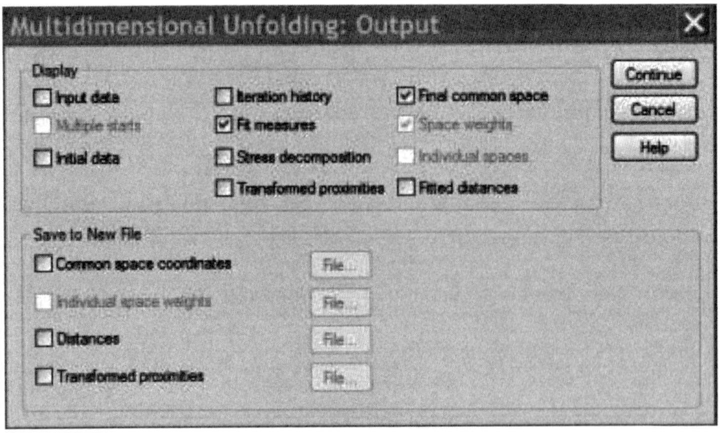

182 • Análise Multivariada com o uso do SPSS

Figura 10: Resultados

Na tabela 2, o SPSS fornece uma variedade de medidas da qualidade do ajustamento:

As medidas de stress fazem parte do conjunto de estatísticas denominado *"badness of fit"* na língua inglesa ou *ruindade do ajustamento*. O algoritmo PREFSCAL minimizou a função de perda até atingir seu menor valor, igual a 0,4447187, após 990 iterações. A penalidade igual a 4,1864721 aplicada sobre o Stress-1 é uma função inversa do coeficiente de variação das disparidades, assim, a variação é pequena quando seu valor é elevado[14].

O Stress-1 de Kruskal igual a 0,0472386 representa a raiz quadrada do Stress normalizado (*normalized stress*). Se observarmos os limites para este índice, concluiremos que o ajuste pode ser considerado bom.

O Stress-2 de Kruskal é obtido por meio de uma modificação no denominador da fórmula utilizada para cálculo do Stress-1. Neste caso as disparidades são referidas à média, ou seja, $\sum_i \sum_j (\hat{d}ij - \overline{d})^2$.

Kruskal & Wish (1978) propõe que, uma vez que os resultados obtidos a partir de Stress-2 são de duas a três vezes superiores àqueles obtidos por Stress-1, os limites recomendáveis para comparação sobre a ruindade do ajustamento sejam duplicados. Assim, o valor igual a 0,1481331 está situado entre 0,1 e 0,2, sugerindo um bom ajustamento[15].

---

14 A função de perda resulta do produto entre o valor de Stress-1 e o fator $1 + w/v(\hat{d}ij)$, onde w e $v(\hat{d}ij)$ são o parâmetro de penalização e o coeficiente de variação de Pearson para as disparidades, respectivamente.
15 A interpretação dos limites para o Stress-2 ficam assim: não deve ser superior a 0,4, caso contrário teremos um resultado pobre. É razoável entre 0,2 e 0,4. Bom entre 0,1 e 0,2. Excelente entre 0,05 e 0,1. Perfeito abaixo disto.

O S-Stress-1 e o S-Stress-2 de Young, os primeiros utilizados pelo algoritmo ALS-CAL, diferem do Stress-1 e Stress-2 de Kruskal, respectivamente, por operarem com as distâncias ao quadrado.

$$SStress1 = \sqrt{\frac{\sum_i \sum_j (dij^2 - \hat{dij}^2)^2}{\sum_i \sum_j \hat{dij}^4}} \quad \text{e} \quad SStress2 = \sqrt{\frac{\sum_i \sum_j (dij^2 - \hat{dij}^2)^2}{\sum_i \sum_j (\hat{dij}^2 - \overline{dij}^2)^2}}$$

O *Rho* de Spearman e o *Tau-b* de Kendall são testes não paramétricos utilizados em tabulações cruzadas para a avaliação da bondade de ajustamento dos escores manifestados pelos sujeitos da pesquisa (refletidos por intermédio das proximidades). Tais testes são aproximadamente equivalentes, aplicados para variáveis contínuas e ordinais e variam entre zero e um. O *Rho* mede o relacionamento entre variáveis ordinais e o *Tau-b* mede a discrepância ou discordância entre tais variáveis. O SPSS não informa a probabilidade de inexistência de relação linear entre os escores (aceitação da hipótese H_o) para nenhuma das duas estatísticas. Entretanto, pela simples inspeção dos valores deste exemplo, *Rho* igual a 0,9103057 e *Tau-b* igual a 0,8412931, pode-se concluir que o modelo incorpora a maior parte da informação contida nas dissimilaridades informadas pelos sujeitos, assim como reflete nos pontos ideais, a maior parte do impacto causado pelas variações nestes valores.

O índice *intermix* de DeSarbo mensura a extensão em que os pontos de estímulo dos objetos estão sobrepostos aos pontos ideais dos sujeitos ou atributos, situação esta denominada configuração *intermix*. Quando esta sobreposição ocorre, constatamos que a solução é não degenerada. A verificação é obtida por meio do cálculo das estatísticas I_1, I_2 e I_3, os quais medem as diferenças entre as distâncias das colunas (objetos), as diferenças entre as distâncias das linhas (atributos e/ou sujeitos), e as diferenças dentro das linhas e colunas, respectivamente. O índice é representado pela subtração $I_1 - I_3$, sendo tanto melhor quanto mais próximo estiver de zero. No exemplo, o valor de 0,0053381 evidencia uma solução com configuração *intermix*, sem qualquer risco de estar degenerada.

Finalmente, o índice bruto de não degeneração de Shepard (1966) reflete a proporção de distâncias que diferem significativamente entre si, sendo importante para verificar sobre a inexistência de concentração de pontos em locais específicos, caracterizando a formação de alguns poucos agrupamentos e caracterizando assim uma solução degenerada. Este índice varia entre zero e um, sendo desejável que seja o mais próximo possível de um. O resultado 0,6166667 indica que aproximadamente 62% das distâncias apresentam diferença significativa entre si; quantidade suficiente para inibir a formação dos clusters. Por decorrência, podemos concluir que a solução é não degenerada.

Tabela 2: *Sumário dos testes para o desdobramento multidimensional*

Measures

Iterations		990
Final Function Value		.4447187
Function Value Parts	Stress Part	.0472414
	Penalty Part	4.1864721
Badness of Fit	Normalized Stress	.0022315
	Kruskal's Stress-I	.0472386
	Kruskal's Stress-II	.1481331
	Young's S-Stress-I	.0768854
	Young's S-Stress-II	.1435573
Goodness of Fit	Dispersion Accounted For	.9977685
	Variance Accounted For	.9796946
	Recovered Preference Orders	.8809524
	Spearman's Rho	.9103057
	Kendall's Tau-b	.8412931
Variation Coefficients	Variation Proximities	.7522008
	Variation Transformed Proximities	.8787952
	Variation Distances	1.1175090
Degeneracy Indices	Sum-of-Squares of DeSarbo's Intermixedness Indices	.0053381
	Shepard's Rough Nondegeneracy Index	.6166667

As coordenadas para o posicionamento das linhas, no exemplo os atributos, estão apresentadas na tabela 3 e no gráfico 4. Observe que, na primeira dimensão, as proximidades são mínimas entre os atributos: Restaurante, Entretenimento, Decoração e Desjejum (8-1-4-5); Conforto e Serviço (3-2); estando mais isolados os atributos Localização (6) e Preço (7). Na segunda dimensão, por outro lado, as proximidades ocorrem entre: Restaurante, Entretenimento, Preço, Localização e Decoração (8-1-7-6-4); Serviço e Conforto (2-3), estando Desjejum (5) mais isolado.

Tabela 3: *Coordenadas finais para os atributos*

Final Row Coordinates

	Dimension	
	1	2
1	2.080	-1.033
2	1.408	1.809
3	1.234	1.921
4	2.091	-.988
5	2.122	.083
6	-1.798	-1.443
7	-4.753	-1.170
8	2.074	-1.007

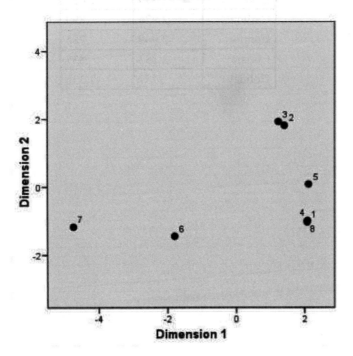

Gráfico 4: Mapa perceptual dos atributos para duas dimensões

Na mesma linha de raciocínio, conforme a tabela 4 e o gráfico 5, verifica-se que as coordenadas para as colunas, no exemplo os hotéis, apresentam boa discriminação. Neste caso, na primeira dimensão, os agrupamentos podem ser identificados, como ocorre entre Comfort, Carlton e Luxor por um lado, e Holiday, Ritz e Classic por outro. Esta dimensão possui relação com a categoria do hotel, sendo o primeiro grupo formado por estabelecimentos econômicos, e o segundo grupo formado por estabelecimentos superiores. Na segunda dimensão, todos os hotéis estão agrupados, menos o Holiday, evidenciando que ocorre uma separação entre os hotéis convencionais e o hotel específico para estada na ocasião das férias.

Tabela 4: Coordenadas finais do espaço comum para os hotéis

Final Column Coordinates

	Dimension	
	1	2
Ritz	1.344	.617
Luxor	-2.896	1.027
Carlton	-2.926	.899
Comfort	-2.948	.785
Classic	2.232	.837
Holiday	.737	-2.336

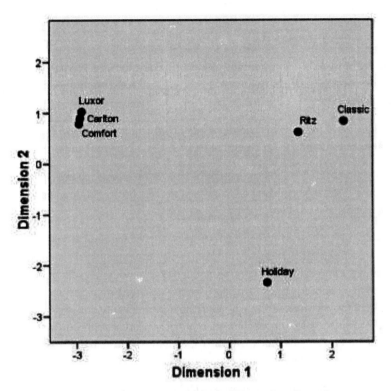

Gráfico 5: Mapa perceptual dos hotéis para duas dimensões

O espaço comum entre linhas e colunas (atributos e objetos) é demonstrado no gráfico 6. O resultado deste gráfico retrata o maior propósito ao se trabalhar com esta técnica, uma vez que conseguimos, por meio de uma visão espacial, observar como os estímulos (hotéis) e os pontos ideais (atributos) compartilham do mesmo diagrama[16].

Vamos fazer a análise do mapa percentual observando o comportamento dos pontos em relação a cada uma das duas dimensões, em separado.

Hotel Ritz (RZ): é aristocrático, possui arquitetura clássica, por ser requintado, oferece um restaurante luxuoso.

---

[16] Os pontos ideais poderiam, da mesma forma, ser representados pelos sujeitos, caso tivéssemos especificado os dados de entrada em um formato apropriado para este fim.

Hotel Luxor (LX): teve sua fachada modernizada e interior redecorado. O restaurante é simples, utilizado apenas pelos hóspedes.

Hotel Carlton (CA): é antigo, possui decoração clássica e conservadora. O restaurante é pequeno e diversificado.

Hotel Comfort (CO): é moderno, muito utilizado por executivos por possuir as comodidades necessárias aos homens de negócios, seu restaurante é aconchegante e bem requisitado.

Hotel Classic (CL): é o mais caro da região, com arquitetura sóbria e conservadora, possui interior requintado e um restaurante classificado entre os melhores da cidade.

Hotel Holiday (HO): recém-inaugurado, novo e funcional, possui um restaurante excepcional e instalações adequadas para pessoas que pretendem passar as férias em um hotel com padrão turístico.

Com relação à primeira dimensão, o hotel Classic encontra-se mais próximo do conjunto de atributos Restaurante, Entretenimento, Decoração e Desjejum (8-1-4-5) e totalmente distante do Preço (7), justamente o que se poderia esperar do hotel mais caro da região. O Ritz e o Holiday se aproximam do Conforto e Serviço (3-2). Destaca-se que nenhum, dentre estes três hotéis, está muito distante dos seis atributos mencionados. Por outro lado, o grupo formado por Comfort, Carlton e Luxor está mais próximo do Preço (7) e da Localização (6), atributos estes característicos de hotéis econômicos que visam maior praticidade e melhor relação custo-benefício.

Por outro lado, na segunda dimensão, o Holiday é aquele que mais se aproxima do conjunto de atributos Restaurante, Entretenimento, Preço, Localização e Decoração (8-1-7-6-4), os quais representam as características valorizadas por uma família de férias em busca de um hotel orientado para o turismo. Por outro lado, quando o objetivo é passar uma viagem de negócios, participação em eventos, visita a familiares e outras finalidades peculiares de uma viagem convencional, os demais hotéis apresentam, em maior ou menor grau, as características procuradas por estes sujeitos, quais sejam: Desjejum, Serviço e Conforto (5-2-3).

Alternativamente, o SPSS disponibiliza ainda o algoritmo denominado PROXSCAL (PROXimity SCALing).

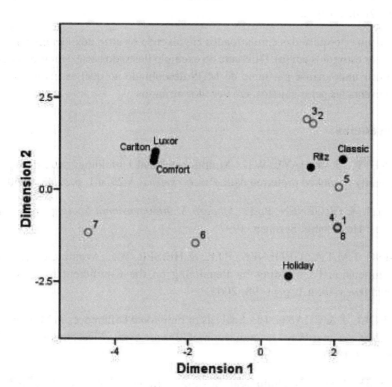

Gráfico 6: Espaço comum representado em duas dimensões para hotéis e atributos

Exercícios

1. Explique o que significa um modelo degenerado e como podemos fazer para identificá-lo.

2. Cite um exemplo envolvendo uma situação com a utilização do MDS desdobrado.

3. Faça um experimento envolvendo algumas marcas de café facilmente encontradas no supermercado da sua cidade.

a. Inicialmente solicite aos sujeitos que enumerem as dissimilaridades entre pares de marcas, em seguida elabore o mapa perceptual utilizando o algoritmo ALSCAL.

b. Na etapa seguinte, realize uma pesquisa exploratória buscando identificar os atributos comuns às marcas de café, adotados pelos sujeitos entrevistados na decisão de compra.

c. Faça uma pesquisa das similaridades envolvendo os atributos identificados em (b) e os estímulos em (a). Diferente do exemplo ilustrado neste capítulo, procure realizar uma análise por meio do MDS desdobrado no qual as linhas estejam representadas pelos sujeitos, em vez dos atributos.

Referências

BENNETT, J.F. & HAYS, W.L. Multidimensional Unfolding: determining the dimensionality of ranked preferred data. *Psychometrika*, v.25, n.1, p.27-43, 1960.

BORG, I. & GROENEN, P.J.F. *Modern Multidimensional Scaling*: theory and applications; Heidelberg: Springer, 1997.

BUSING, F.M.T.A.; GROENEN, P.J.K. & HEISER, W.J. Avoiding Degeneracy in Multidimensional Unfolding by Penalizing on the Coefficient of Variation. *Psychometrika*, v.70, n.1, p.71–98, 2005.

CARROLL, J. & CHANG, J.J. Analysis of Individual Differences in Multidimensional Scaling via an n-Way Generalization of "Eckart-Young" Decomposition, v.35, n.3, p.283-319, 1970.

COOMBS, C.H. Psychological Scaling without a Unit of Measurement. *Psychological* Review, v.57, p.148–158, 1950.

GROENEN, P.J.F. & van de VELDEN, M. *Multidimensional Scaling.* Econometric Institute Report EI 2004-15, Rotterdam: Erasmus University, 20004.

HAIR, J.F., et al. *Análise Multivariada de Dados.* 5a ed. Porto Alegre: Bookman, 2005.

KRUSKAL, J. B. . Multidimensional Scaling by Optimizing Goodness of Fit to a Nonmetric Hypothesis. *Psychometrika*, v.29, n.1, p.1-27, 1964a.

_____ . Nonmetric Multidimensional Scaling: a numerical method. *Psychometrika*, v.29, n.2, p.115-129, 1964b.

_____ & WISH, M. *Multidimensional Scaling.* Series: Quantitative Applications in the Social Sciences. Newbury Park: Sage University Paper, 1978.

MANLY, B.F.J. *Multivariate Statistical Methods*: a primer. 3a ed. Boca Raton: Chapman & Hall/CRC, 2005.

SHEPARD, R. The Analysis of Proximities: multidimensional scaling with an unknown distance function I. *Psychmetrika*, v.27, n.2, p.125-140, 1962a.

_____ . The Analysis of Proximities: multidimensional scaling with an unknown distance function II. *Psychmetrika*, v.27, n.3, p.219-246, 1962b.

_____. Metric structures in ordinal data. *Journal of Mathematical Psychology*, v.3, p.287–315, 1966.

SIMON, C.P. & BLUME, L. *Mathematics for Economists*. 1ª ed. Nova York: W.W. Norton and Company, 1994.

TAKANE, Y.; YOUNG, F.W.; de LEEUW, J. Nonmetric Individual Differences Multidimensional Scaling: an alternating least squares method with optimal scaling features. *Psychometrika*, v.42, n.1, p.7-67, 1977.

TORGERSON, W.S. Multidimensional Scaling: I. theory and method. *Psychometrika*, v.17, n.4, p.401-419, 1952.

YOUNG, G. & HOUSEHOLDER, A. A Note on Multidimensional Psychophysical Analysis. *Psychometrika*, v.6, n.5, p.331-333, 1941.

Capítulo 10
Regressão Logística

Analogamente à regressão linear múltipla, a regressão logística permite múltiplas variáveis independentes e uma única variável dependente. Todavia, há uma importante distinção entre elas, qual seja: na regressão múltipla a variável dependente é métrica, ao passo que na regressão logística o resultado é categórico.

Enquanto as hipóteses tradicionais de linearidade, *homoscedaticidade* e normalidade são requeridas na análise de regressão linear, elas são dispensáveis na regressão logística.

Tal como ocorre com a regressão múltipla, a *multicolinearidade* é uma fonte potencial de perturbação ou de geração de resultados enganosos na regressão logística, necessitando ser criteriosamente avaliada. Dessa maneira, a regressão logística é um método de predição *multivariada* que é empregado quando as variáveis independentes (*covariates*, no SPSS) são utilizadas na explicação de resultado categórico (variável dependente), frequentemente dicotômico. Seu objetivo é avaliar a probabilidade de obtenção de uma das categorias da variável dependente, dado o conjunto de variáveis independentes, podendo ser empregada como método de predição sempre que há várias variáveis independentes (métricas ou categóricas) e um único resultado dicotômico.

Convém notar que a regressão logística é especialmente indicada para os casos em que a variável dependente assume apenas dois valores – caso de sobrevivência ou de morte; risco de crédito reduzido ou risco de crédito elevado –, malgrado possa ser naturalmente estendida a situações que envolvam variável com três ou mais categorias (variável dependente *multinomial*). Assim, sua versão binária supõe que a variável dependente seja dicotômica e os resultados sejam independentes e mutuamente exclusivos; isto é, determinado caso só pode estar num grupo ou noutro.

A regressão logística também exige amostras grandes para ser precisa, com cerca de 20 casos por variável independente, desde que o tamanho mínimo da amostra não seja inferior a 60 casos. Essas restrições devem ser satisfeitas, antes que se conduza a análise estatística no SPSS.

Trata-se, portanto, da técnica de modelagem matemática mais apropriada para descrever a relação de diversas variáveis independentes (X_i) com variável dependente que seja dicotômica.

Em regressão linear, as estimativas dos parâmetros da função linear são obtidas com aplicação do método dos mínimos quadrados. Contudo, quando o aludido método é empregado em regressão logística, gera-se gravíssima inconsistência, em razão da natureza categórica da variável dependente: a probabilidade associada à inclusão numa das categorias da variável dependente pode ficar fora do intervalo fechado de 0 a 1.

Logo, esta técnica não pode ser submetida ao mesmo tratamento da regressão linear, nem o método para obtenção das estimativas poderá ser o mesmo. Desenvolvimentos complementares do modelo de regressão logística serão apresentados nas seções seguintes.

Chance e Transformação *Logit*

Probabilidade e chance (*odds*) são formas alternativas de expressar o mesmo fenômeno. A regressão logística estima a chance de ocorrência de determinado evento, explicando o impacto das variáveis independentes sobre a dependente em termos de razão de chance.

É preciso, dessa maneira, estar atento às seguintes peculiaridades da regressão logística: a) emprega-se chance (*odds*) em lugar de probabilidade; e b) utiliza-se o logaritmo natural da chance, denominado *logit*, pois esse procedimento possibilita que as variáveis independentes sejam linearmente relacionadas ao *logit*.

Quando se emprega o método dos mínimos quadrados para estimar os coeficientes linear e angular(es) da reta de regressão logística são produzidas inconsistências múltiplas, sendo essa a razão pela qual se utiliza estimação de máxima verossimilhança para obtenção dos coeficientes de regressão, após transformação da variável dependente numa variável *logit* [o logaritmo natural da chance de ocorrência (ou não) da variável dependente].[1]

Para facilitar a compreensão de conceitos, procedimentos metodológicos e resultados da regressão logística, contaremos com pesquisa de *survey* que foi realizada entre os visitantes das Paineiras, no Rio de Janeiro, para saber se o indicariam, ou não, a terceiros. A variável dependente *indicação* é dicotômica, podendo assumir os valores 0 (não indicaria) e 1(indicaria).

Considerando P(Y=1), a probabilidade de o visitante indicar o parque a terceiros e [1 – P(Y=1)] a probabilidade de o visitante não indicá-lo a terceiros, a razão constituída por P(X) dividida por [1 – P(X)] define a chance (*odds*) do visitante do parque Paineiras indicá-lo, com influência das seguintes variáveis independentes especificadas por X_i: ATENDIMENTO, INSTALAÇÕES, HIGIENE, SEGURANÇA, CUIDADO, ACESSO, e CAMINHO.

---

1 A distinção entre o procedimento de estimação por máxima verossimilhança e pelo método dos mínimos quadrados refere-se, essencialmente, ao fato de que o último permite a obtenção das estimativas dos coeficientes de regressão que minimizam os desvios quadráticos vizinho à reta de regressão, enquanto a estimativa por máxima verossimilhança obtém os coeficientes que maximizam a probabilidade de se obter o conjunto de dados observados no contexto do modelo hipotético.

Podemos simplificar o conceito de chance, para torná-lo mais inteligível, se ignorarmos X_i e supusermos que existam dois segmentos: o grupo dos que indicam o parque (Grupo 1); e o grupo dos que não o indicam a amigos e conhecidos (Grupo 2).

A probabilidade de estar em apenas um dos dois grupos pode ser pensada como análoga à frequência relativa, ou seja, o número de casos de um grupo dividido pelo número de casos dos dois grupos (1 e 2). Se admitirmos, a título de ilustração, que o Grupo 1 contenha 80 casos e o Grupo 2 contenha 20 casos, então, a probabilidade de se estar no Grupo 1 será 80/100 = 0,8 ou 80% que é quatro vezes maior do que a probabilidade de se estar no Grupo 2.

Esse tipo de probabilidade é aquele que se visa predizer com regressão logística, considerando, nesse caso, variáveis independentes X_i, mas que é inadequadamente predito, quando se utiliza o método dos mínimos quadrados. Em razão disso, emprega-se, quando se trabalha com variável dependente categórica, a chance (*odds*) que possibilita sejam estimadas probabilidades.

Em sua forma mais simples, chance é a razão entre a probabilidade de determinado evento ocorrer e a probabilidade de o mesmo evento não acontecer.

A fórmula para chance é, portanto, P/(1 – P), onde P indica a probabilidade de ocorrência do evento de interesse. Se P for igual a 0,80, então, 1 – P, a probabilidade do evento oposto, é 0,20, e a chance é 0,80/0,20, ou seja, 4. A chance de ocorrência do evento é quatro vezes superior à de não ocorrência. Alternativamente, é possível afirmar que há chance de 1 para 4 de não ocorrência do evento, ou seja, 0,20/0,80 = 0,25, o que representa uma probabilidade de 1/5 [= 0,25/(0,25+1)].

A interpretação do coeficiente de regressão logística é feita em termos de chance, em lugar de probabilidade, uma vez que a probabilidade depende não somente do coeficiente de regressão, mas também do patamar da variável independente.

Para iniciar a descrição da razão de chance na regressão logística, será apresentada a forma *logit* do modelo de regressão logística. A transformação *logit*, denotada por *logit* (Y), é dada pelo logaritmo natural (isto é, na base *e*) da magnitude P(Y=1) dividida por 1 subtraído de P(Y=1).

Em face do exposto acima, é possível passar ao desenvolvimento da fórmula para função *logit*[2]:

---

2 A função logística é da forma $f(z) = 1/(1+e^{-z})$. Quando z tende de menos para mais infinito, f(z) varia de 0 a 1, tornando a função logística especialmente adequada para descrever a trajetória da probabilidade.

$P(Y=1) = 1/[1 + e^{-(\alpha + \Sigma \beta_i X_i)}]$

$1 - P(Y=1) = 1 - 1/[1 + e^{-(\alpha + \Sigma \beta_i X_i)}]$

$1 - P(Y=1) = [1 + e^{-(\alpha + \Sigma \beta_i X_i)} - 1]/[1 + e^{-(\alpha + \Sigma \beta_i X_i)}]$

$1 - P(Y=1) = e^{-(\alpha + \Sigma \beta_i X_i)}/[1 + e^{-(\alpha + \Sigma \beta_i X_i)}]$

$P(Y=1)/[1 - P(Y=1)] = \{1/[1 + e^{-(\alpha + \Sigma \beta_i X_i)}]\}/\{e^{-(\alpha + \Sigma \beta_i X_i)}/[1 + e^{-(\alpha + \Sigma \beta_i X_i)}]\}$

$P(Y=1)/[1 - P(Y=1)] = 1/e^{-(\alpha + \Sigma \beta_i X_i)}$

$P(Y=1)/[1 - P(Y=1)] = e^{(\alpha + \Sigma \beta_i X_i)}$

$\ln\{P(Y=1)/[1 - P(Y=1)]\} = \ln e^{(\alpha + \Sigma \beta_i X_i)}$

$\ln\{P(Y=1)/[1 - P(Y=1)]\} = \alpha + \Sigma \beta_i X_i$

logit $[P(Y=1)] = \alpha + \Sigma \beta_i X_i$ ([3])

A razão de chance (*odds ratio*) é outro conceito fundamental em análise de regressão logística, pois estima a mudança na chance de inclusão no grupo-alvo, quando há incremento de uma unidade em determinada variável independente. A razão de chance é computada com emprego do coeficiente de regressão da variável independente como expoente do neperiano *e*.

No caso da pesquisa quanto à indicação do parque, o coeficiente de regressão da variável independente SEGURANÇA, b_3, é 7,743, conforme tabela *Variables in the Equation*, *step 3*, do Bloco 1. Portanto, a razão de chance é $e^{7,743}$ = 2.305,403.

Em outros dizeres, a chance de indicar o parque é 2.305,403 vezes maior para um visitante que tenha atribuído escore 3 para SEGURANÇA do que um visitante que tenha julgado apropriado o escore 2, considerando tudo o mais constante (*ceteris paribus*).

Para computar a razão de chance associada a dois valores quaisquer de determinada variável independente, deve-se multiplicar o coeficiente de regressão pela magnitude da variação, antes de elevar *e* à potência do coeficiente. Por exemplo, para um aumento de duas unidades no escore de SEGURANÇA, a chance de indicar o parque é $e^{(2 \times 7,743)} = e^{(15,4860)}$, o que significa uma chance 5.314.768,432 superior àquela associada a duas unidades a menos no escore de atendimento.

---

[3] Enquanto p varia no intervalo de 0 a 1, o *logit* [P(Y=1)] varia de menos até mais infinito. A escala *logit* é simétrica em torno do *logit*(0,5), o qual é 0. De fato, tem-se que:
logit (0,5) = ln[0,5/(1-0,5)]=ln(1)=0

Assim, o coeficiente de uma variável independente (b_1) assume relevância quando participa da razão de chance, devendo-se levar em consideração que: o coeficiente positivo da variável independente significa que a chance (*odds*) predita aumenta quando o valor da variável independente aumenta; o coeficiente negativo indica que a chance predita decresce quando a variável independente aumenta; e um coeficiente zero significa que a chance predita é a mesma para quaisquer valores da variável independente, ou seja, a razão de chance é 1..

A estimativa de máxima verossimilhança objetiva identificar os coeficientes que exibem maior verossimilhança de reproduzir os dados observados, ou seja, os coeficientes que produzem o logaritmo de verossimilhança mais próximo de zero.

O método de máxima verossimilhança constitui, em última instância, um algoritmo que realiza iterações sucessivas, iniciando com uma estimativa preliminar dos coeficientes de regressão logística; o algoritmo determina, então, a direção e a magnitude de variação dos coeficientes. A função logaritmo de verossimilhança (LL) é, assim, estimada; os resíduos são testados; sendo, então, conduzida nova estimativa, com melhoria da função. O processo é repetido até que a solução encontrada seja a que produz o menor desvio entre valores observados ou preditos, isto é, a solução que representa o melhor ajustamento.

Paralelamente à obtenção da melhor solução, com geração de menor desvio, computa-se a estatística a ela associada, qual seja, o valor do logaritmo de verossimilhança, cuja magnitude varia de menos infinito a zero.

Na medida em que a função de verossimilhança varia entre 0 e 1, a função logaritmo de verossimilhança (LL) varia de menos infinito a zero. Quanto mais próximo o valor de verossimilhança estiver de 1, mais próximo LL estará de 0, caso em que os parâmetros reproduzirão os dados observados. O SPSS não apresenta o próprio LL, mas o LL multiplicado por –2, dado que, enquanto o LL é negativo, o -2LL é positivo.

Em lugar de empregar o desvio (-2LL) para avaliar o ajustamento global de um modelo, utiliza-se, frequentemente, a comparação do ajustamento do modelo com inclusão e sem inclusão das variáveis independentes. Espera-se, nesse caso, que haja redução do desvio, já que se admite redução no erro de predição, quando nova variável independente relevante é incluída no modelo.

A estatística *qui-quadrado* inicial reflete o erro associado ao modelo, quando há somente intercepto, admitindo-se, dessa maneira, sejam nulos os coeficientes das variáveis independentes. Em passo posterior, essa magnitude *qui-quadrado* preliminar será objeto de comparação com -2LL para o modelo, incluindo, desta feita, as variáveis independentes.

O teste de razão de verossimilhança avalia a significância da diferença entre a estatística −2LL para o modelo do pesquisador e a estatística -2LL do modelo reduzido, o qual é tão somente constituído de intercepto. Valores decrescentes de -2LL refletem modelos mais sólidos, indicando o grau de acerto da regressão logística [4].

A estatística R^2, de Cox e Snell, pode ser interpretada como o R^2 da regressão múltipla, embora não alcance valor máximo de 1. A estatística R^2 de Nagelkerke modifica o coeficiente R^2 de Cox e Snell por seu valor máximo, objetivando atingir uma medida que varie entre 0 e 1.

A significância dos coeficientes das variáveis independentes é testada com a estatística Wald, que constitui a razão quadrática entre o coeficiente B e o erro padrão, apresentando distribuição χ^2.

O teste Hosmer-Lemeshow (H_L) de bondade de ajustamento é, especialmente, indicado para modelos com variáveis independentes (*covariates*) contínuas e para pesquisa cujo tamanho de amostra é pequeno. As observações são organizadas por ordem crescente de probabilidade estimada do evento. Com base nas probabilidades preditas, os casos individuais são agrupados em *decis*, sendo comparada, dentro de cada *decil*, a frequência esperada com a frequência observada dos resultados binários (1 e 0). Computa-se, então, a estatística χ^2.

A hipótese nula do teste H_L afirma que a diferença entre os eventos observados e esperados é, simultaneamente, zero para todos os grupos, o que significa dizer que se o cálculo de um valor **p** da distribuição χ^2 da estatística H_L produzir uma magnitude sem significância estatística (**p>0,05**), aceitamos a hipótese nula e consideramos adequado o ajustamento do modelo aos dados.[5]

---

[4] A diferença entre o desvio do modelo completo, o qual inclui, além de intercepto, variáveis independentes, e o desvio do modelo nulo, que só contempla intercepto, pode ser, analiticamente, redigida da seguinte forma:
G= D(modelo nulo) − D(modelo completo)
G= X² = -2ln($L_{nulo}/L_{completo}$)
G = -2Ll$_{nulo}$ − (-2Ll$_{completo}$)
Onde G(*Goodness of Fit*) representa a bondade de ajustamento.
[5] O aludido teste apresenta graves limitações. A primeira diz respeito à natureza das variáveis. A segunda ao tamanho da amostra, uma vez que, quando a amostra é pequena, há chance elevada de aceitação do modelo, ao passo que é elevada a chance de rejeição do modelo quando a amostra é grande. A outra limitação é que o resultado do teste depende do número de grupos especificados, assim como a distribuição de valores dentro do grupo. O emprego de 10 grupos pelo SPSS objetiva manter esse viés sob controle. A
obtenção de valor com significância estatística para o teste de H_L (p<0,05) não implica, obrigatoriamente, ajustamento ruim do modelo aos dados, principalmente se as demais estatísticas se apresentarem robustas.

Aplicação

Realizou-se regressão logística para avaliar se sete variáveis preditivas (ou independentes), quais sejam:acesso, atendimento, caminho, instalações, higiene, segurança e cuidado, permitiriam prever corretamente se o visitante do parque Paineiras o indicaria, ou não, a terceiros. A variável dependente binária (INDICAÇÃO) reflete a satisfação do visitante quanto às diversas dimensões discutidas pela literatura especializada em práticas gerenciais associadas ao turismo e à preservação do meio ambiente.

Para realizar regressão logística, com a finalidade de predizer uma variável dependente dicotômica (duas categorias), quando a variável independente é categórica ou métrica (discreta ou contínua), é preciso seguir o caminho abaixo descrito. A regressão logística binária prediz a mais elevada entre as duas categorias da variável dependente, usualmente o valor 1.

Carregar, no SPSS, o arquivo que será objeto de análise; selecionar [*Analyze*]; [*Regression*] e [*Binary Logistic*].

Transfira a variável dependente para a caixa *Dependent* e as variáveis independentes para a caixa *Covariates*. No SPSS, todas as variáveis independentes são inseridas como *covariates*. Quando a variável independente é categórica, deve-se clicar no retângulo *Categorical* para a especificação das categorias, conforme demonstrado a seguir (Figuras 1 e 2).

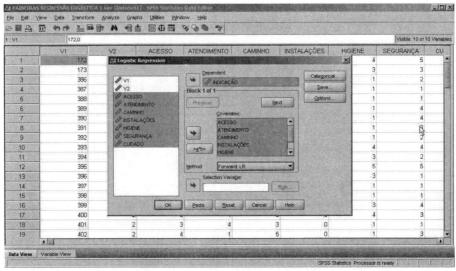

Figura 1: Seleção das variáveis sob análise

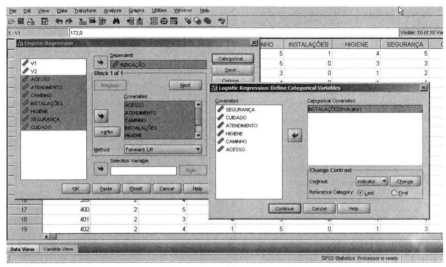

Figura 2: Especificação de variável independente categórica.

Em razão da existência de diversas variáveis independentes, é recomendável selecionar um método *stepwise*. Dentre as opções *stepwise*, mantenha a opção padrão *Forward LR*, pois esse método é um dos melhores.

Clique *Options* e assinale *Hosmer-Lemeshow goodness-of-fit* conforme a Figura 3.

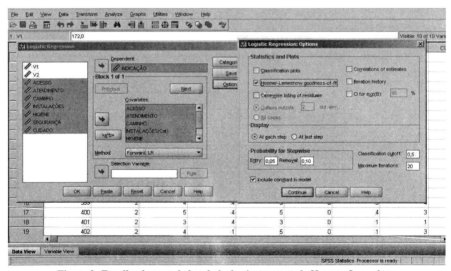

Figura 3: Escolha do teste de bondade de ajustamento de Hosmer-Lemeshow.

Clique *Continue*; e, em seguida, *OK*.

Resultados

Há três seções fundamentais nos resultados de regressão logística binária: Descritiva; Bloco 0; e Bloco 1.

Na seção Descritiva, quando inexiste variável independente categórica, o SPSS exibe duas tabelas com informações acerca do número de observações, casos omissos ou perdidos, rótulos e codificação da variável dependente.

Quando há variável independente categórica, a seção Descritiva também informa os rótulos e códigos da(s) variável(eis) independente(s) categórica(s), os casos de cada rótulo, por variável, e os parâmetros de codificação.

Secção Descritiva

A primeira saída está demonstrada na tabela 1, trata-se do *Case Processing Summary*, a qual informa a existência de 87 respondentes, sem ocorrência de caso omisso. Todos os itens do questionário estruturado, que fizeram parte do estudo que ora está sendo examinado, foram respondidos por todos os intrevistados.

Tabela 1. Sumário das Observações

Case Processing Summary

Unweighted Cases[a]		N	Percent
Selected Cases	Included in Analysis	87	100,0
	Missing Cases	0	,0
	Total	87	100,0
Unselected Cases		0	,0
Total		87	100,0

a. *If weight is in effect, see classification table for the total number of cases.*

A tabela 2 informa que a variável dependente "indicação" é categórica, assumindo códigos 0 e 1, onde 0 representa que o visitante não indicaria o parque a terceiros; e 1 significando que o visitante o indicaria a outrem.

Tabela 2. *Codificação da variável dependente*

Dependent Variable Encoding

Original Value	Internal Value
0	0
1	1

A tabela 3 exibe os códigos da variável independente categórica, bem como a frequência observada associada a cada código.

Tabela 3. *Codificação da variável independente*

Categorical Variables Codings

		Frequency	Parameter coding (1)
INSTALAÇÕES	0	74	1,000
	1	13	,000

Bloco 0: Inicial

O primeiro bloco é o 0, que só considera intercepto, o qual é denominado "constante" pelo SPSS. Neste bloco são apresentadas três tabelas, quais sejam: *Classification Table*, *Variables in the Equation*, e *Variables not in the Equation*.

Todas as informações estão relacionadas ao modelo nulo, no qual só há inclusão de intercepto na equação do modelo. Neste contexto, informa-se quão bem a variável dependente pode ser predita, sem emprego de variáveis independentes.

A tabela 4 informa que 53 respondentes não indicaram o parque, e o modelo com apenas intercepto predisse corretamente a não indicação desses 53 respondentes. Por outro lado, dos 34 respondentes que indicaram o parque, o modelo com apenas intercepto não predisse a indicação de nenhum deles.

Tabela 4. *Tabela de classificação para o Bloco 0*

Classification Table [a,b]

			Predicted		
			INDICAÇÃO		Percentage
	Observed		0	1	Correct
Step 0	INDICAÇÃO	0	53	0	100,0
		1	34	0	,0
	Overall Percentage				60,9

a. *Constant is included in the model.*
b. *The cut value is ,500*

Sendo assim, o modelo com apenas intercepto previu corretamente 60,9% [53/(53+34)] das informações prestadas pelos participantes da pesquisa, mais especificamente previu corretamente as respostas de todos aqueles que não indicaram o parque.

A tabela 5 reafirma que apenas a constante foi considerada na equação do modelo, apresentando, simultaneamente, o resultado do teste de Wald para hipótese nula de que o intercepto é zero.

Tabela 5. *Parâmetros e significância estatística*

Variables in the Equation

		B	S.E.	Wald	df	Sig.	Exp(B)
Step 0	Constant	-,444	,220	4,082	1	,043	,642

No estudo em tela, essa hipótese foi rejeitada, indicando existência de significância estatística para o intercepto.

O intercepto desse primeiro bloco ($B_0 = -0,444$) é o único componente da equação do logit (Y=1), ou seja:

logit (Y=1) = -0,444

logit (Y=1) = ln{P(Y=1)/[1-P(Y=1)]

ln{P(Y=1)/[1-P(Y=1)]} = -0,444

P(Y=1)/[1-P(Y=1)] = $e^{-0,444}$ = 0,642

O impacto do coeficiente de regressão logística sobre a chance é, portanto, 0,642, considerando o modelo com tão somente intercepto.

A tabela 6 do bloco inicial exibe o escore eficiente de Rao, rotulado simplesmente como escore, no SPSS, o qual também é empregado como critério para inclusão de variáveis no modelo com seleção *Forward*.

Tabela 6. *Escores das variáveis não incluídas no modelo*

Variables not in the Equation

			Score	df	Sig.
Step 0	Variables	ACESSO	6,352	1	,012
		ATENDIMENTO	28,526	1	,000
		CAMINHO	3,153	1	,076
		INSTALAÇÕES(1)	5,836	1	,016
		HIGIENE	11,420	1	,001
		SEGURANÇA	44,376	1	,000
		CUIDADO	17,001	1	,000
	Overall Statistics		58,452	7	,000

O aludido escore testa se o coeficiente de determinada variável independente é zero. Caso o escore não apresente significância estatística (p>0,05), é aceita a hipótese de que o coeficiente é zero, sendo recomendável o abandono da variável independente.

Além de testar a significância de cada variável, o procedimento gera um escore que testa a significância global do modelo como um todo. Na pesquisa de satisfação com o parque Paineiras, CAMINHO não exibe significância estatística, mas o modelo como um todo apresenta significância.

Bloco 1: Método *forward stepwise* (razão de verossimilhança)

Constituída de cinco tabelas fundamentais, a última seção [*Block1*: *Method* = *Forward Stepwise* (*Likelihood Ratio*)] mostra os resultados quando as variáveis independentes são, sequencialmente, inseridas no modelo. A tabela 7 mostra que todos os passos do estudo sobre o parque são significativos.

Tabela 7. *Testes de significância de cada passo.*

Omnibus Tests of Model Coefficients

		Chi-square	df	Sig.
Step 1	Step	59,362	1	,000
	Block	59,362	1	,000
	Model	59,362	1	,000
Step 2	Step	21,399	1	,000
	Block	80,760	2	,000
	Model	80,760	2	,000
Step 3	Step	18,011	1	,000
	Block	98,771	3	,000
	Model	98,771	3	,000

A tabela 8 mostra que, à medida que novas variáveis são inseridas no modelo, melhora a bondade de ajustamento, uma vez que a estatística −2LL exibe sucessivas reduções até a fase 3. Paralelamente, as pseudo-estimativas de R^2 indicam que o modelo da fase 3 é o melhor. O R^2 de Cox e Snell situou-se no patamar de 67,9% e o R^2 de Nagelkerke ficou em 92%. O R^2 de Cox e Snell ficou aquém da estatística de Nagelkerke porque o primeiro R^2 é, usualmente, subestimado. Todavia, as magnitudes das duas estatísticas são consideráveis.

Tabela 8. *Estatísticas para cada passo.*

Model Summary

Step	-2 Log likelihood	Cox & Snell R Square	Nagelkerke R Square
1	57,063	,495	,670
2	35,664	,605	,820
3	17,653	,679	,920

A tabela 9 exibe os resultados do teste da hipótese nula de que o modelo se ajusta adequadamente aos dados. A não rejeição da hipótese (p > 0,05) implica bom ajuste do modelo.

Tabela 9. *Teste de ajustamento de Hosmer e Lemeshow*

Hosmer and Lemeshow Test

Step	Chi-square	df	Sig.
1	,200	2	,905
2	4,607	8	,799
3	,697	8	1,000

A tabela 10 também possibilita avaliar a bondade de ajustamento do modelo. Em nosso exemplo, dos 53 respondentes que não indicaram o parque, 52 foram corretamente preditos (98,11% = 52/53), ao passo que, dos 34 que o indicaram, o modelo previu acertadamente 32 respondentes (94,12% = 32/34). Em outras palavras, o percentual global de erro foi 3,45% (= 3/87), enquanto o percentual total de acerto foi de 96,55% (= 84/87).

Tabela 10: *Tabela de classificação para o Bloco 1*

Classification Table

Observed			Predicted INDICAÇÃO 0	Predicted INDICAÇÃO 1	Percentage Correct
Step 1	INDICAÇÃO	0	51	2	96,2
		1	12	22	64,7
	Overall Percentage				83,9
Step 2	INDICAÇÃO	0	52	1	98,1
		1	5	29	85,3
	Overall Percentage				93,1
Step 3	INDICAÇÃO	0	52	1	98,1
		1	2	32	94,1
	Overall Percentage				96,6

Quando comparamos o percentual total de acerto do modelo com apenas intercepto (60,9%) com o percentual total de acerto do modelo do passo 3 (96,55%), fica evidente a superioridade do modelo que inclui SEGURANÇA, ATENDIMENTO e INSTALAÇOES como variáveis independentes.

A tabela 11 mostra que três variáveis independentes são estatisticamente significativas para explicar a satisfação do visitante do parque Paineiras, quais sejam: ATENDIMENTO, INSTALAÇÕES E SEGURANÇA. Os coeficientes de regressão logística das aludidas variáveis apresentam significância estatística, conforme indicado pelo teste de Wald.

Tabela 11: *Parâmetros e testes de significância das variáveis incluídas no modelo*

Variables in the Equation

		B	S.E.	Wald	df	Sig.	Exp(B)
Step 1[a]	SEGURANÇA	2,542	,586	18,846	1	,000	12,708
	Constant	-7,971	1,849	18,590	1	,000	,000
Step 2[b]	ATENDIMENTO	1,951	,586	11,091	1	,001	7,039
	SEGURANÇA	3,135	,882	12,639	1	,000	22,986
	Constant	-15,591	3,991	15,261	1	,000	,000
Step 3[c]	ATENDIMENTO	3,904	1,293	9,119	1	,003	49,611
	INSTALAÇÕES(1)	-8,211	3,000	7,493	1	,006	,000
	SEGURANÇA	7,743	2,801	7,641	1	,006	2305,403
	Constant	-28,496	9,964	8,178	1	,004	,000

a. Variable(s) entered on step 1: SEGURANÇA.
b. Variable(s) entered on step 2: ATENDIMENTO.
c. Variable(s) entered on step 3: INSTALAÇÕES.

À medida que um coeficiente de regressão logística maior do que 1 aumenta a chance, verificamos que ATENDIMENTO e SEGURANÇA são as variáveis independentes que exercem maior impacto sobre a chance de indicar o parque a terceiros, sendo que SEGURANÇA se destaca entre as duas.

Na tabela 12, é possível verificar que todas as variáveis que não foram incluídas no modelo da fase três, exibiram coeficientes que são, estatisticamente, iguais a zero, ou seja, que não exercem impacto sobre a chance de indicar o parque a terceiros.

Tabela 12: *Escores das variáveis não incluídas no modelo*

Variables not in the Equation

			Score	df	Sig.
Step 1	Variables	ACESSO	1,403	1	,236
		ATENDIMENTO	18,773	1	,000
		CAMINHO	,597	1	,440
		INSTALA-ÇÕES(1)	10,158	1	,001
		HIGIENE	6,203	1	,013
		CUIDADO	3,921	1	,048
	Overall Statistics		34,197	6	,000
Step 2	Variables	ACESSO	1,616	1	,204
		CAMINHO	1,076	1	,300
		INSTALA-ÇÕES(1)	16,014	1	,000
		HIGIENE	1,782	1	,182
		CUIDADO	6,950	1	,008
	Overall Statistics		25,217	5	,000
Step 3	Variables	ACESSO	2,499	1	,114
		CAMINHO	2,061	1	,151
		HIGIENE	3,428	1	,064
		CUIDADO	2,141	1	,143
	Overall Statistics		12,188	4	,016

Exercícios

1- Interprete os resultados da regressão logística aplicada aos dados do arquivo RLE.sav (Anexo 10). Observe que há apenas uma variável dicotômica.

2- Examine a veracidade das afirmativas a seguir, indicando se xo são verdadeiras ou falsas e apresentando argumentos que fundamentem a sua resposta.

a Só é possível empregar regressão logística quando todas as variáveis independentes são contínuas.

b) A principal razão que motiva o emprego do modelo logístico refere-se à variação da função logística entre 0 e 1.

c) Há um motivo muito forte para empregar o modelo logístico, qual seja: a função logística é linear.

d) A transformação *logit* possibilita a obtenção do logaritmo da razão entre a probabilidade de ocorrência de dois eventos mutuamente exclusivos.

e) Em relação aos parâmetros do modelo logístico, é falso afirmar que o coeficiente β_i representa mudança no logaritmo da chance que resulta de uma unidade de variação da variável independente X_i, considerando constantes as demais variáveis independentes.

Referências

HAIR, J.F; ANDERSON, R.E; TATHAM, R.L; BLACK, W.C. *Análise Multivariada de dados*. Porto Alegre: Bookman, 2005.

HARDLE, W; SIMAR, L. *Applied Multivariate Statistical Analysis*. New York: Springer, 2007.

HOSMER, D.W; LEMESHOW, S. *Applied Logistic Regression*. New York: Wiley, 2000.

KACHIGAN, S.K. *Multivariate Statistical Analysis*: a conceptual introduction. New York: Radius, 1991.

KLEINBAUM, D.G; KLEIN, M. *Logistic Regression*: a self-learning text. New York: Springer, 2002.

PAMPEL, F.C. *Logistic Regression*: a primer. Thousand Oaks: Sage, 2000.

RAYKOV, T; MARCOULIDES, G.A. *An Introduction to Applied Multivariate Analysis*. New York: Routledge, 2008.

SPICER, J. *Making Sense of Multivariate Data Analysis*. Thousand Oaks: Sage, 2005.

Capítulo 11
Modelagem de Equações Estruturais

Suponha que se queira testar a plausibilidade de uma teoria acerca da relação causal entre três construtos, quais sejam: atuação operacional do Banco Central; transparência; e imagem institucional do Banco Central. Qual a técnica que deveria ser empregada? A análise fatorial emprega construtos, mas não permite a especificação de relações causais entre eles. A análise de caminho possibilita especificar relações causais, mas considera tão somente variáveis observadas. A solução para a questão mencionada anteriormente, caso sejam respeitadas as hipóteses acerca da estrutura dos dados, é a Modelagem de Equações Estruturais (MEE).

A MEE é um conjunto de técnicas estatísticas que inclui análise de caminho e análise fatorial, integrando-as em modelos completos de regressão estrutural, estimando, simultaneamente, os parâmetros de uma série de equações de regressão linear que, embora separadas, são interdependentes.

Investigando as distintas facetas da inteligência, considerando uma única dimensão (fator) inteligência geral, Spearman (1904) lançou, no início do século XX, os alicerces da análise fatorial, contribuindo, desse modo, para o modelo de mensuração da MEE. Nos anos 1930, Thurstone (1947) desenvolveu a análise de múltiplos fatores, com rotação, colaborando, assim, para a evolução da moderna abordagem que considera a inteligência constituída de distintas dimensões.

Cerca de 20 anos após Spearman, Wright (1918; 1921) começou a desenvolver a análise de caminho. Calcado em diagramas de retângulos e flechas, Wright formulou uma série de regras que conectavam as correlações entre variáveis, notadamente variáveis observadas (ou manifestas).

A MEE foi essencialmente formulada, segundo o atual significado do termo, pelo estatístico Karl Jöreskog, no início da década de 1970. Jöreskog (1973) construiu a análise de estruturas de covariância, integrando modelos de análise fatorial com modelos econométricos de equações estruturais, o que permitiu o relacionamento entre variáveis latentes.

Em sua forma mais simplificada, a MEE pode ser entendida como a combinação da análise de caminho com a análise fatorial. Na análise de caminho, a preocupação é com o caminho causal das variáveis observadas. Num modelo completo de equações estruturais, o interesse é com o caminho causal dos construtos (variáveis latentes ou fatores).

Quando cada variável latente tem apenas um indicador (variável observada ou variável manifesta), a MEE se restringe à análise de caminho. Quando cada variável latente apresenta múltiplos indicadores refletivos, mas inexistem efeitos diretos que as conectem, tem-se a análise fatorial. Entretanto, quando há indicadores refletivos múltiplos para cada variável latente (ou fator), bem como caminhos que as conectem, são construídos modelos estruturais completos.

É direta a inferência de que a MEE possibilita a compreensão de padrões complexos de inter-relações entre variáveis. Entretanto, para que o modelo seja válido, é fundamental que apresente raízes profundas na teoria, pois, caso careça de fundamentos conceituais sólidos, pode-se especificar, com base no mesmo grupo de variáveis, uma variedade de modelos alternativos, com bons níveis de ajustamento, sem quaisquer vínculos com o problema de pesquisa. Embora seja crescente a aceitação da MEE, as dificuldades de seu emprego não devem ser subestimadas.

As variáveis que não são diretamente mensuráveis, as quais são supostamente as causas que provocam a variação de um conjunto de variáveis observadas (variáveis manifestas ou indicadores) são usualmente denominadas variáveis latentes (ou fatores).

Na medida em que não se mensura variável latente, é necessário conferir-lhe uma métrica, o que é realizado quando se atribui o valor 1 a um dos caminhos dirigidos a uma das variáveis observadas que influencia. Com essa restrição, os caminhos remanescentes podem ser estimados. O programa *AMOS 4.0* estabelece automaticamente a métrica 1, havendo, nada obstante a possibilidade de se alterar a variável observada selecionada.

Enquanto o modelo de regressão linear supõe, implicitamente, erro de mensuração zero, os termos de erro das variáveis observadas são explicitamente modelados em MEE. Ignorar os referidos erros pode levar a sérias distorções, especialmente quando são significativos.

Observe que os termos de erro mencionados anteriormente não devem ser confundidos com termos de erro residuais, também denominados erros de distúrbio, que refletem a variância não explicada em variáveis endógenas latentes em razão de causas não mensuradas. Os modelos de equações estruturais contemplam também possíveis efeitos diretos e indiretos entre as suas variáveis (RAYKOV e MARCOULIDES, 2000).

Tendo em conta que um modelo completo de equações estruturais é a combinação da análise fatorial com a análise de caminho, ele exibe duas seções intrinsecamente inter-relacionadas: i) mensuração; e ii) estrutural.

A seção de mensuração do modelo corresponde à análise fatorial e ela descreve a relação das variáveis latentes com as observadas. O modelo de mensuração é geralmente empregado como modelo independente (ou nulo). De fato, as covariâncias na matriz de covariância de variáveis latentes do modelo independente são consideradas nulas.

A seção estrutural do modelo corresponde à análise de caminho e representa os efeitos diretos e indiretos das variáveis latentes entre si. Na análise de caminho tradicional, os aludidos efeitos ocorrem entre variáveis observadas; em MEE, a análise de caminho é fundamentalmente entre variáveis latentes[1].

É importante ilustrar com maior detalhe os dois tipos de variáveis que aparecem em MEE, quais sejam, variável latente e variável observada. No caso de variáveis latentes, convém distinguir as exógenas das endógenas. As variáveis latentes exógenas não são explicadas por outras variáveis latentes, ao passo que as endógenas são influenciadas por uma ou mais variável latente. As variáveis de erro são uma modalidade de variável latente exógena e nelas estão incluídos os efeitos de variáveis omitidas do modelo, bem como efeitos de erro de mensuração. Assim, a maior parte da variância de uma variável observada é explicada por variável latente que represente construto do modelo e o restante é explicado pela variável de erro.

Também é relevante tecer considerações em relação aos parâmetros da MEE. Há quatro categorias de efeitos diretos que podem ser estimados num modelo pleno de equações estruturais: i) o efeito de uma variável latente exógena sobre uma variável observada; ii) o efeito de uma variável latente endógena sobre uma variável observada; iii) o efeito de uma variável latente exógena sobre uma variável latente endógena; iv) o efeito de uma variável latente endógena sobre outra variável latente endógena. A MEE estima esses efeitos. Os quatro remanescentes tipos de parâmetros são variâncias e covariâncias.

O tamanho da amostra é fundamental quando se emprega MEE e para resultados confiáveis, depende, entre outras razões, da complexidade do modelo, do número de variáveis observadas associadas às variáveis latentes, e da normalidade das distribuições das variáveis.

Quanto maior a complexidade do modelo, mais observações são necessárias. Há autores que consideram o tamanho mínimo da amostra aquele constituído por 100 observações; outros autores postulam um mínimo de 150 observações; outros ainda defendem a tese de que devem existir de 5 a 10 observações por parâmetro a ser estimado (BENTLER e CHOU, 1987; BYRNE, 2001; KLINE, 2005).

Na medida em que outros modelos não investigados podem se ajustar igualmente bem ou até melhor aos dados do que o modelo do pesquisador, um modelo bem ajustado é, consequentemente, tão somente um modelo que não foi rejeitado.

---

[1] Em MEE, é possível construir análise de caminho com variáveis observadas, muito embora seja comum o emprego de modelos estruturais completos, nos quais a análise de caminho acontece com variáveis latentes.

Em MEE, o primeiro passo é a especificação do modelo, o qual deve possuir, enfatizamos uma vez mais, profundas raízes teóricas. A especificação inicial pode tomar a forma de um diagrama ou uma sequência de equações.

A MEE é um procedimento de natureza essencialmente confirmatória, com objetivo precípuo de avaliar modelos por intermédio de testes de bondade de ajustamento, os quais verificam se a estrutura de variância e covariância da matriz de dados é consistente com a estrutura do modelo do pesquisador. As relações entre variáveis são definidas, em MEE, por um conjunto de equações que descrevem estruturas hipotéticas de relacionamento.

A mensuração das variáveis latentes é realizada de forma indireta, por intermédio das variáveis observadas representativas de suas múltiplas facetas ou características essenciais. Com base nas variáveis observadas, a MEE não apenas estima os construtos, mas testa a qualidade de ajustamento global do modelo, bem como a consistência de seus parâmetros.

Após a especificação do modelo, é preciso obter as estimativas dos parâmetros, ou seja, as estimativas dos coeficientes que representam efeitos diretos, variâncias e covariâncias de variáveis latentes.

O programa *AMOS 4.0* determina as estimativas que reproduzem a matriz observada de variância-covariância, com a maior aproximação possível. A estimação de máxima verossimilhança é a mais empregada. São calculadas estimativas baseadas na maximização de probabilidades (verossimilhança) de que as covariâncias observadas são extraídas de uma população que supostamente é a mesma que a refletida nas estimativas dos coeficientes. Ou seja, a estimação de máxima verossimilhança seleciona estimativas que exibem a maior chance de reproduzir os dados observados.

Cabe destacar que avaliar o grau em que um modelo hipotético se ajusta ou, em outras palavras, descrever adequadamente os dados da amostra constitui objetivo fundamental em MEE. Em termos mais específicos, a avaliação necessita considerar não somente a excelência de ajustamento do modelo como um todo, mas também a consistência das estimativas dos parâmetros.

De fato, as estimativas dos parâmetros devem ser avaliadas em termos teóricos e estatísticos. Sob a perspectiva teórica, os sinais e magnitudes dos coeficientes devem estar em conformidade com os requisitos teóricos. Sob o ângulo estatístico, as estimativas dos parâmetros não podem estar associadas a resultados impróprios, tais como variâncias negativas ou correlações superiores a 1.

Tendo em conta a importância de se avaliar o modelo hipotético sob distintas perspectivas, discute-se, preliminarmente, o ajustamento global do modelo, para, então, abordar os critérios empregados na avaliação das estimativas dos parâmetros.

A MEE não utiliza, no processo de estimação, os dados diretamente coletados, mas sim a matriz de covariância produzida a partir dos referidos dados. Com base no modelo construído de equações estruturais, é produzida uma matriz de covariância ($\sum$) denominada matriz de covariância reproduzida, com $\{[p(p + 1)]/2\}$ elementos não redundantes, sendo p o número de variáveis observadas. Os elementos de $\sum$ são todos funções dos parâmetros do modelo. Cada elemento da matriz $\sum$ tem um elemento numérico correspondente na matriz de covariância observada (S) obtida a partir dos valores da amostra para as variáveis V_i (i = 1, .., p).

O teste clássico de bondade de ajustamento – o teste qui-quadrado (χ^2) – avalia a magnitude de discrepância entre S e Σ. Ou seja, o modelo se ajusta aos dados observados na mesma extensão da equivalência existente entre a matriz de covariância gerada pelo modelo ($\sum$) e a matriz de covariância observada (S). Em ajustamento de excelência, a matriz de resíduos tende a zero.

Ao contrário da lógica usual de inferência estatística, H_0 estabelece, em MEE, que o modelo que se deseja apoiar é "verdadeiro", enquanto H_1 considera que o modelo não é "verdadeiro"[2]. Segue-se, portanto, que, em MEE, o pesquisador não deseja rejeitar H_0.

A consistência global do modelo é avaliada primariamente por meio do teste χ^2. Uma estatística χ^2 de magnitude pouco expressiva (p> 0,05) indica que o modelo se ajusta adequadamente, evidenciando que o modelo pode reproduzir a matriz de covariância da população.

Se o modelo for robusto, as estimativas dos parâmetros produzirão uma matriz estimada muito semelhante à matriz de covariância da amostra. Consequentemente, se a matriz de covariância da amostra for, hipoteticamente, representativa da matriz de covariância da população, pode-se admitir que o modelo descreve a população. Cabe notar que o ajustamento de excelência não implica em modelo "verdadeiro". Na realidade, outros modelos podem produzir ajustamentos equivalentes ou melhores aos

---

2 Esse procedimento conflita com a filosofia da descoberta científica, a qual estabelece que um novo modelo proposto para explicar um fenômeno empírico somente deve ser aceito quando sua explicação for melhor do que o paradigma existente até aquele momento. Em princípio, o novo modelo é considerado menos robusto do que o modelo padrão. A hipótese H_1 é aceita não porque haja prova de que seja verdadeira, mas porque se rejeita a hipótese contrária. A inferência estatística é a ciência da refutação.

dados. Uma interpretação mais acurada diria que uma estatística χ^2 residual indicaria que as relações "causais" e "não-causais" propostas no modelo podem explicar a matriz de covariância original. Se o valor χ^2 for zero, então, as correlações originais e aquelas reproduzidas na matriz são idênticas. Em outras palavras, as covariâncias são perfeitamente reproduzidas pelo modelo estrutural.

A hipótese H_0 é, por outro lado, rejeitada quando o valor da estatística χ^2 excede determinada magnitude t_{χ^2} na distribuição χ^2 ao nível de significância α. Em outros dizeres, um valor χ^2 elevado, relacionado a um determinado nível de significância (α), indica que o modelo não se ajusta aos dados.

O pesquisador espera que a discrepância entre S e $\sum$ seja pequena e desprovida de significância estatística. Contudo, há um problema sério com a estatística χ^2 como índice de ajustamento, pois é muito sensível ao tamanho da amostra. Para amostra de tamanho muito reduzido, isto é, a que apresente menos de 100 observações (N< 100), grandes discrepâncias nada representam, implicando, não raro, a aceitação de H_0. Por outro lado, quando o tamanho da amostra é suficientemente grande (N> 200), o que constitui uma condição necessária para conferir solidez ao teste estatístico, H_0 é, com frequência, rejeitada, mesmo quando é desprezível a diferença entre a covariâncias observada e a originada pelo modelo.

O segundo problema com o teste χ^2 é sua elevada sensibilidade à hipótese de normalidade *multivariada* das variáveis observadas. Nesse caso, distanciamentos da normalidade tendem a elevar a χ^2.

Para reduzir a sensibilidade da estatística χ^2 ao tamanho da amostra, os estudiosos dividiram o valor χ^2 pelos graus de liberdade (g.l), reduzindo o seu valor. No *AMOS 4.0*, a razão χ^2/graus de liberdade aparece como CMIN/DF (discrepância mínima/ graus de liberdade), a qual mostra a diferença entre as matrizes de covariância observada e estimada. Um valor elevado para a aludida razão indica que as matrizes de covariância observada e estimada diferem significativamente. Embora não haja uma regra geral que aponte o valor mínimo aceitável para χ^2/g.l, o critério comumente empregado é que essa razão seja menor do que 3 (KLINE, 1998).

O teste χ^2 é o único teste de significância estatística da MEE, muito embora sejam calculados diversos índices de bondade de ajustamento. De fato, foram construídos, em razão dessas deficiências, diversos índices de ajustamento que concorrem para melhorar o processo de avaliação do modelo hipotético, suplementando o teste χ^2 no exame da extensão em que o modelo é apoiado pelos dados. Há uma diversidade de índices que assumem valores no intervalo de 0 a 1, indicando melhora no ajustamento do modelo à medida que o índice se aproxima de 1.

Convém notar que os índices de ajustamento representam distintas formas de expressar a distância entre a matriz de covariância da amostra, S, e a matriz de covariância gerada pelo modelo Σ. Ou seja, eles são, sinteticamente, funções da matriz residual S - Σ. Dependendo da metodologia empregada para exprimir por meio de um único número a mensuração da aludida diferença de matrizes, é gerado um grupo de índices. Existem índices que, na avaliação da excelência de ajustamento, consideram o número de parâmetros estimados. Outros índices comparam o ajustamento do modelo hipotético a algum modelo relacionado, tal como o modelo nulo que não especifica relação entre as variáveis observadas. Ainda há outros índices de ajustamento que constroem intervalos de confiança e realizam teste de hipóteses.

Há, fundamentalmente, quatro classes de índices de bondade de ajustamento: índices absolutos; índices comparativos (relativos ou incrementais); índices baseados em parcimônia; e índices diversos[3].

O primeiro índice absoluto é o índice de bondade do ajustamento (GFI). O GFI é uma medida que varia de 0 (ajustamento pobre) até 1 (ajustamento perfeito), embora possa assumir, teoricamente, valores negativos. O GFI é análogo ao R^2 (coeficiente de determinação da regressão linear), tendo em vista que indica a proporção das covariâncias observadas explicada pelas covariâncias originadas pelo modelo. O GFI deveria ser igual ou superior a 0,90 para que o modelo seja aceito.

Quando os graus de liberdade são grandes comparativamente ao tamanho da amostra, o GFI é enviesado para baixo, exceto quando o número de parâmetros é muito grande. Uma amostra grande eleva o GFI, ocorrendo o inverso quando a amostra é diminuta.

O índice de bondade do ajustamento adaptado (AGFI) é uma variante do GFI, sendo ajustado aos graus de liberdade do modelo em relação ao número de variáveis. Ele também varia de 0 a 1, mas pode, teoricamente, gerar valores negativos. O AGFI é análogo ao R^2 ajustado. Especificamente, modelos mais complexos, ou seja, aqueles com mais parâmetros tendem a se ajustar melhor aos mesmos dados do que os mais simples. O AGFI leva isso em consideração, corrigindo para baixo o valor do GFI quando o número de parâmetros aumenta. Quando o AGFI é 1, o modelo é exatamente justificado, com ajuste quase perfeito. Tal como o GFI, o AGFI tende a aumentar à medida que o tamanho da amostra aumenta. Quando o AGFI é negativo, o ajuste é extremamente pobre ou o tamanho da amostra é muito pequeno. Da mesma forma que o GFI, o AGFI também é enviesado para baixo quando os graus de liberdade são muito grandes comparativamente ao tamanho da amostra, exceto quando o número de

---

3 De acordo com Schumacker e Lomax (1996), os índices de ajustamento estão distribuídos em três categorias: ajustamento do modelo; comparação do modelo; e parcimônia do modelo.

parâmetros é muito grande. O nível de aceitação sugerido é uma magnitude superior ou igual a 0,90 (BYRNE, 2001). O AGFI também deve ser, pelo menos, igual a 0,90, embora Schumacker e Lomax (2004) recomendem 0,95 para o GFI e o AGFI.

Os índices comparativos (relativos ou incrementais) de ajustamento comparam o modelo do pesquisador (*default*) com o modelo independente (ou nulo), posicionando-o entre o modelo independente e o modelo saturado.

São calculadas medidas de ajustamento para três classes de modelos: modelo saturado; modelo independente; e modelo padrão (*default*).

O modelo saturado apresenta tantos parâmetros quantos são os graus de liberdade, o que significa dizer que o modelo tem todos os caminhos causais possíveis. A maior parte das medidas de ajustamento apresenta magnitude 1 para o modelo saturado, embora medidas de ajustamento baseadas em parcimônia exibam valor 0. No modelo independente, inexiste relação entre as variáveis latentes.

Na realidade, o modelo independente é o modelo nulo, no qual todos os caminhos do modelo estrutural são iguais a 0. Enquanto o modelo saturado apresenta razão de parcimônia zero, o modelo independente exibe razão de parcimônia 1.

O modelo "default" (padrão) foi desenvolvido pelo pesquisador, sendo a avaliação do grau de excelência de seu ajustamento aos dados a principal razão para utilização do programa *AMOS 4.0*.

O modelo padrão é mais parcimonioso do que o saturado, sendo seu ajustamento quase sempre superior ao modelo independente, com o qual é comparado, gerando medidas de bondade de ajustamento.

O índice de ajustamento comparativo (CFI), que também é conhecido como índice de ajustamento comparativo de Bentler, contrasta o ajustamento do modelo hipotético com o modelo nulo (independente). Em outros dizeres, compara a matriz de covariância predita pelo modelo com a matriz de covariância observada, comparando também o modelo nulo com a matriz de covariância observada, com objetivo de medir o percentual de carência de ajustamento que existe entre o modelo nulo e o modelo do pesquisador. O CFI varia de 0 a 1, sendo que quanto mais se aproxima de 1, melhor a excelência do ajustamento. Convencionalmente, o CFI deve superar 0,90, o que significa dizer que 90% da covariância nos dados podem ser reproduzidas pelo modelo hipotético.

O índice de ajustamento incremental (IFI) é relativamente independente do tamanho da amostra. À semelhança do CFI, o IFI deve ser superior a 0,90 para que o modelo seja aceito.[4]

O índice de ajustamento normalizado (NFI), também conhecido como índice de ajustamento normalizado Bentler-Bonett, foi desenvolvido como alternativa ao CFI, penalizando o tamanho da amostra. Ele varia de 0 a 1, atingindo 1 quando o ajustamento é perfeito. O NFI reflete a proporção em que o modelo do pesquisador melhora o ajustamento, comparativamente ao modelo nulo. Se o NFI for 0,50, então, o modelo do pesquisador melhora o ajustamento de 50% comparativamente ao do modelo nulo. O NFI não reflete parcimônia, já que, quanto mais parâmetros estiverem contidos no modelo, mais elevado será o NFI.[5]

O índice de Tucker-Lewis (TLI) é similar ao NFI, embora penalize a complexidade do modelo. O TLI é relativamente independente do tamanho da amostra. O TLI próximo de 1 indica um bom ajustamento. Quando o TLI é inferior a 0,90, o modelo deve ser revisto.

Adicionando-se caminhos ao modelo, o ajustamento tende a aumentar, enquanto a parcimônia diminui. Por essa razão, há medidas de ajustamento que penalizam a carência de parcimônia.

Os testes de bondade de ajustamento que penalizam a carência de parcimônia de modelos mais complexos foram construídos com base na concepção de que, ao lado de outras medidas de bondade de ajustamento, para avaliar modelos aceitáveis, medidas de parcimônia são importantes para selecionar os modelos considerados adequados.

A razão de parcimônia (PRATIO) é a razão dos graus de liberdade do modelo do pesquisador em relação aos graus de liberdade do modelo nulo.

O PRATIO não é um teste de bondade de ajustamento em si, mas é empregado em medidas de bondade de ajustamento.

Deste modo, o índice de ajustamento normalizado de parcimônia (PNFI) e o índice de ajustamento comparativo de parcimônia (PCFI) que recompensam modelos parcimoniosos (modelos com relativamente poucos parâmetros para estimar em relação ao número de variáveis e de relações no modelo), são resultantes da multiplicação do PRATIO sobre o NFI e o CFI, respectivamente.

---

4 Conforme observaremos adiante, Byrne (2001) alerta que houve revisão do piso para 0,95.
5 Byrne (2001) observa que o NFI foi considerado, durante muito tempo, o critério clássico. À medida que se acumulavam evidências de que o NFI tendia a subestimar o ajustamento em pequenas amostras, ele cedeu lugar ao CFI que constitui o NFI calibrado em função do tamanho da amostra.

Os índices de ajustamento baseados em parcimônia são, usualmente, muito menores do que outras medidas de ajustamento. Valores superiores a 0,60 são, geralmente, considerados satisfatórios.

No grupo de índices diversos, destaca-se, na qualidade de representante de excelência, a raiz do erro quadrático médio de aproximação (RMSEA), a qual constitui um critério muito informativo da modelagem da estrutura de covariância[6]. A RMSEA avalia quão bem o modelo se ajustaria à matriz de covariância da população, caso estivesse disponível. Esse índice é sensível ao número de parâmetros estimados, ou seja, à complexidade do modelo. Os índices cujos valores sejam inferiores a 0,05 indicam um bom ajustamento. Valores entre 0,05 e 0,08 representam ajustamento aceitável. Valores variando de 0,08 a 0,10 indicam ajustamentos pobres. Valores superiores a 0,10 representam ajustamentos inadmissíveis (ARBUCKLE; WOTHKE, 1999). Hu e Bentler (1999) sugerem um RMSEA de 0,06 para modelos com bom ajustamento.

A RMSEA é uma medida popular de ajustamento, parcialmente em razão de ser um dos índices de ajustamento menos afetados pelo tamanho da amostra, embora para amostras muito pequenas superestime a bondade de ajustamento[7].

O valor p (PCLOSE) testa a hipótese nula de que a RMSEA não é superior a 0,05. Se o PCLOSE for menor do que 0,05, a hipótese nula é rejeitada, concluindo-se que a RMSEA computada é maior do que 0,05, indicando carência de bom ajustamento.

As demais medidas do grupo de índices diversos são, essencialmente, medidas preditivas de ajustamento que avaliam a extensão em que o modelo hipotético será validado em amostras futuras, de mesmo tamanho, extraídas da mesma população da qual foi extraída a amostra original do pesquisador. Essas medidas recompensam a parcimônia, compartilhando a predileção por menores valores.

O índice preditivo de ajustamento mais difundido é, na concepção de Kline (2005), o critério de informação Akaike (AIC) que penaliza graus de liberdade, mas não é punitivo com o tamanho da amostra. Quanto aos demais:

O critério Browne-Cudeck (BCC) é semelhante ao AIC, embora penalize mais a introdução de parâmetros adicionais.

---

6 O CFI e a RMSEA estão entre as medidas menos afetadas pelo tamanho da amostra.
7 Todas as medidas superestimam a bondade de ajustamento para pequenas amostras (n<200), embora o RMSEA e o CFI sejam menos sensíveis ao tamanho da amostra do que os demais índices.

O critério de informação Bayes (BIC) é o que mais penaliza a introdução de parâmetros adicionais.

O critério de informação Akaike consistente (CAIC) penaliza a complexidade do modelo mais do que o AIC e o BCC.

Para todo esse conjunto de índices, há comparação entre modelos, sendo considerados de melhor ajustamento os que exibem os menores valores.

O índice de validação cruzada esperada (ECVI) é proporcional ao AIC, ao passo que o índice máxima verossimilhança de validação cruzada esperada (MECVI) é proporcional ao BCC. O índice de validação cruzada esperada (ECVI) estima a discrepância entre a matriz de covariância ajustada com os dados da amostra e a matriz de covariância esperada, a qual seria gerada com base em outra amostra de tamanho equivalente. O ECVI apresenta informação análoga ao AIC. Paralelamente, o MECVI apresenta informação equivalente ao BCC. De fato, a incidência de um fator escala sobre o AIC e o BCC para gerar o ECVI e o MECVI explica a diferença entre esses pares de índices que compartilham a mesma informação essencial.

Conforme observamos anteriormente, os testes de ajustamento global não revelam que caminhos particulares do modelo são significativos. Se o modelo for aceito, é fundamental que os coeficientes de caminho sejam cuidadosamente avaliados.

Dessa maneira, não se pode ficar restrito ao ajustamento global para avaliar a consistência dos resultados da MEE, pois o ajustamento absoluto do modelo não garante a validade das estimativas individuais. Há dois resultados possíveis que podem anular a obtenção de bons ajustamentos globais. O primeiro se refere ao caso em que o modelo proposto se ajusta aos dados, não obstante alguns parâmetros não exibam significância estatística. O segundo caso é aquele no qual o modelo proposto se ajusta aos dados; as estimativas dos parâmetros exibem significância estatística, mas seus sinais são contrários aos esperados. Seja qual for o caso, a teoria do pesquisador não é confirmada, muito embora o modelo possa apresentar bom ajustamento absoluto aos dados.

A avaliação dos parâmetros individuais deve ser pautada em três critérios: i) viabilidade das estimativas do parâmetro; ii) adequação dos erros padrão; iii) significância estatística das estimativas dos parâmetros.

No tocante à viabilidade dos parâmetros estimados, deve-se verificar se apresentam a magnitude e o sinal consistentes com os pressupostos teóricos. É preciso verificar também a presença, ou não, de erros padrão exageradamente elevados ou diminutos. Quando o erro padrão de um parâmetro estimado se aproxima de zero, o seu teste estatístico de significância não pode ser definido. Por outro lado, erros padrão excessivamente elevados indicam parâmetros que não podem ser determinados. Todavia, não há critério definitivo que estabeleça o que seja excessivamente pequeno ou grande.

A significância estatística da estimativa do parâmetro é determinada, no programa *AMOS 4.0*, pela razão crítica (C.R). O teste estatístico C.R representa a estimativa do parâmetro dividido por seu erro padrão. O teste opera como uma estatística z, indicando se a estimativa é estatisticamente diferente de zero. Quando se considera um nível de significância de 0,05, as estimativas, com razões críticas superiores ao valor absoluto de ± 1,96, são significativamente diferentes de zero ao nível de 5%. Ou seja, quando a razão crítica (C.R) de determinado peso de regressão supera |1,96|, a estimativa do parâmetro do caminho é significativa ao nível de significância de 0,05.

A significância das covariâncias estimadas entre variáveis latentes é avaliada da mesma maneira: se a razão crítica for superior a |1,96|, a estimativa da covariância é significativa. Convém notar que parâmetros não significativos podem indicar um tamanho de amostra que seja demasiadamente pequeno.

Modelos desenvolvidos a partir de alterações sugeridas nos índices pelo programa *AMOS 4.0* apresentam, entre outras limitações, o fato de as modificações propostas estarem restritas à determinada base de dados, exigindo, além da validação teórica, a subsequente confirmação em amostras independentes.

Aplicação

Embora a Autoridade Monetária possa desejar que todos tenham expectativas de inflação reduzida, o anúncio de compromisso com uma inflação baixa não o torna, por si só, crível. Isso ocorre porque os agentes econômicos têm plena consciência de que o Banco Central pode se sentir estimulado a descumprir o anunciado, caso vise reduzir a taxa de desemprego. É nesse cenário que se discute o papel do Banco Central, a sua forma de atuação, os seus compromissos fundamentais, entre os quais a transparência, bem como o significado e a construção de sua imagem (VIEIRA, FREITAS e SILVA, 2008; VIEIRA e FREITAS, 2007).

O caso ilustrativo desse capítulo foi construído com base em informações obtidas com pesquisa de *survey*, cujo objetivo precípuo era investigar a consistência da hipótese fundamental de que a imagem institucional do Banco Central sofre influência direta e positiva de sua atuação operacional e do grau de transparência.

O objetivo mais importante dos bancos centrais é garantir a estabilidade de preços. Para tanto, a Autoridade Monetária deve adotar os instrumentos mais adequados na condução da política monetária, exibindo, assim, competência operacional. Paralelamente, o Banco Central deve ser transparente não apenas em relação ao anúncio da meta de inflação, mas também de informações que emprega no processo decisório, de tal modo que se garanta que haja convergência entre as expectativas dos agentes econômicos e a meta inflacionária anunciada.

A atuação operacional de excelência e a ampliação da transparência influenciam positivamente a imagem institucional do Banco Central, o que fortalece a convicção de que a política monetária seguida pela Autoridade Monetária é, de fato, a mais acertada.

O instrumento de coleta de dados foi o questionário estruturado, com escala Likert, de cinco opções de resposta. Composta de 201 observações, a amostra do estudo foi simulada a partir de amostra originalmente constituída de 33 respondentes de instituições financeiras, com atuação em operações de mercado aberto.

A Figura 1 ilustra a relação entre variáveis observadas, construtos e caminhos causais.

Para tratamento dos dados, empregou-se a modelagem de equações estruturais, com auxílio do programa estatístico *AMOS 4.0*. Nesta figura, a imagem institucional do Banco Central depende de sua atuação operacional e da transparência de procedimentos e informações.

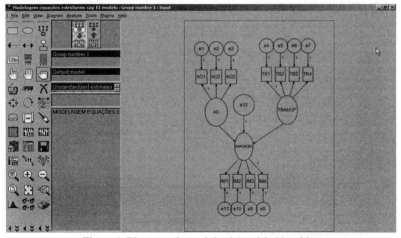

Figura 1. Diagrama de caminho do modelo hipotético.

Resultados

O programa *AMOS 4.0* informa, inicialmente, o título do modelo atribuído pelo pesquisador, o número, nome e tipo de variáveis utilizadas no modelo (Tabela 1).

Considerando o diagrama de caminho do pesquisador, todas as variáveis observadas são definidas como variáveis dependentes no modelo, ao passo que as variáveis latentes e os termos de erro não são observados, participando como as variáveis independentes do modelo.

Tabela 1: *Informações sobre as variáveis para o modelo hipotético*

```
Exemplo livro mq 2008: quinta-feira, 25 de setembro de 2008   10:00
Your model contains the following variables
           AO1                         observed   endogenous
           AO2                         observed   endogenous
           AO3                         observed   endogenous
           TR1                         observed   endogenous
           TR2                         observed   endogenous
           TR3                         observed   endogenous
           TR4                         observed   endogenous
           IM4                         observed   endogenous
           IM3                         observed   endogenous
           IM2                         observed   endogenous
           IM1                         observed   endogenous
      IMAGEM DO BANCO CENTRAL        unobserved endogenous
       ATUAÇÃO OPERACIONAL           unobserved exogenous
            e1                        unobserved exogenous
            e2                        unobserved exogenous
            e3                        unobserved exogenous
        TRANSPARÊNCIA                 unobserved exogenous
            e4                        unobserved exogenous
            e5                        unobserved exogenous
            e6                        unobserved exogenous
            e7                        unobserved exogenous
            e8                        unobserved exogenous
            e9                        unobserved exogenous
           e10                        unobserved exogenous
           e11                        unobserved exogenous
           e12                        unobserved exogenous
              Number of variables in your model:    26
              Number of observed variables:         11
              Number of unobserved variables:       15
```

Tabela 1: *Informações sobre as variáveis para o modelo hipotético (cont.)*

```
Number of exogenous variables:       14
Number of endogenous variables:      12
Number of variables in your model:   26
Number of observed variables:        11
Number of unobserved variables:      15
Number of exogenous variables:       14
Number of endogenous variables:      12
```

A informação seguinte resume os parâmetros do modelo, indicando o tamanho da amostra, o número de parâmetros que devem ser estimados e os graus de liberdade (Tabela 2).

Observe que há 25 pesos de regressão, dos quais 15 são fixos e 10 são estimados.

O modelo é recursivo e a amostra é constituída de 201 observações.[8]

Na medida em que se há 66 peças de informação para que sejam estimados 24 parâmetros, permanecem 42 graus de liberdade.

As últimas linhas da seção de resultados do programa *AMOS 4.0* sintetizam o processo de estimação. A informação de que um mínimo foi alcançado, significa afirmar que o processo de estimação gerou uma solução admissível, cujo panorama geral é esboçado com o valor χ^2 (61,299), juntamente com os graus de liberdade (42) e o nível de probabilidade (0,027).

---

8 Em modelos recursivos, os caminhos causais são unidirecionais (MARUYANA, 1998).

Tabela 2: *Resumo dos parâmetros para o modelo hipotético*
Summary of Parameters

```
            Weights  Covariances Variances    Means    Intercepts    Total
            -------  ----------- ---------    -----    ----------    -----
     Fixed:   15          0          0          0          0          15
   Labeled:    0          0          0          0          0           0
 Unlabeled:   10          0         14          0          0          24
            -------  ----------- ---------    -----    ----------    -----
     Total:   25          0         14          0          0          39
NOTE:
  The model is recursive.
Sample size:   201
Model: Default model
Computation of degrees of freedom
              Number of distinct sample moments:       66
     Number of distinct parameters to be estimated:    24
                                                   ----------------------
                                 Degrees of freedom:   42

              Number of distinct sample moments:       66
     Number of distinct parameters to be estimated:    24
                                                   ----------------------
                                 Degrees of freedom:   42
```

O bloco seguinte cientifica o método de estimação, as estimativas dos pesos de regressão, erros padrão e respectivas razões críticas estão exibidas na Tabela 3. A avaliação do ajustamento do modelo é realizada sob duas perspectivas principais. Inicialmente, examina-se a consistência das estimativas dos parâmetros, para, então, avaliar o modelo como um todo. Em outros dizeres, essa seção exibe informações acerca do ajustamento dos parâmetros individuais, sendo seu foco concentrado em três aspectos:

1. Avaliação do sinal e da magnitude das estimativas dos parâmetros à luz da teoria subjacente à construção do modelo.

2. Verificação da existência de erros padrão inadmissíveis.

3. Avaliação da razão crítica (C.R), cujo cálculo é feito promovendo a divisão da estimativa do parâmetro pelo erro padrão.

A razão crítica permite testar se a estimativa é estatisticamente diferente de zero. Considerando um nível de significância de 5%, a razão crítica necessita ser superior a ± 1,96, para que seja rejeitada a hipótese de que a estimativa é zero.

Os resultados do programa *AMOS 4.0* são apresentados separadamente para os pesos de regressão e as variâncias. No caso de nosso modelo hipotético, todas as estimativas individuais são não apenas estatisticamente consistentes, mas também exibem robustez teórica.

Tabela 3: *Informações sobre os parâmetros para o modelo hipotético:*

```
Maximum Likelihood Estimates
----------------------------

Regression Weights:                    Estimate     S.E.      C.R.      Label
-------------------                    --------   -------   -------    ------
-  ------
IMAGEM DO BANCO    <- ATUAÇÃO OPERAC    0,142      0,054     2,636
IMAGEM DO BANCO CE <- TRANSPARÊNCIA     0,416      0,090     4,609
AO1 <--------- ATUAÇÃO OPERACIONAL      1,000
AO2 <--------- ATUAÇÃO OPERACIONAL      0,753      0,053    14,145
AO3 <--------- ATUAÇÃO OPERACIONAL      0,922      0,059    15,565
TR1 <---------------- TRANSPARÊNCIA     1,000
TR2 <---------------- TRANSPARÊNCIA     1,080      0,047    23,166
TR3 <---------------- TRANSPARÊNCIA     1,016      0,049    20,630
TR4 <---------------- TRANSPARÊNCIA     1,077      0,052    20,761
IM4 <------- IMAGEM DO BANCO CENTRAL    1,000
IM3 <------- IMAGEM DO BANCO CENTRAL    1,172      0,105    11,204
IM2 <------- IMAGEM DO BANCO CENTRAL    1,098      0,101    10,914
IM1 <------- IMAGEM DO BANCO CENTRAL    0,991      0,095    10,419
Variances:                             Estimate     S.E.      C.R.      Label
----------                             --------   -------   -------    ------
            ATUAÇÃO OPERACIONAL         2,120      0,246     8,633
                  TRANSPARÊNCIA         0,821      0,101     8,141
                            e12         0,977      0,187     5,233
                             e1         0,179      0,090     1,995
                             e2         0,745      0,090     8,294
                             e3         0,777      0,108     7,192
                             e4         0,197      0,024     8,199
                             e5         0,097      0,017     5,696
                             e6         0,170      0,022     7,815
```

Tabela 3: *Informações sobre os parâmetros para o modelo hipotético: (cont.)*

e7	0,186	0,024	7,745
e8	1,363	0,148	9,206
e9	0,342	0,063	5,415
e10	0,440	0,065	6,767
e11	0,540	0,068	7,944

A seção seguinte informa, por meio da tabela 4, o número de parâmetros (NPAR), a discrepância mínima (CMIN), os graus de liberdade (DF), a probabilidade (P), e a razão (CMIN/DF).

O valor CMIN de 61,299 representa a discrepância entre as matrizes de covariância S e Σ, constituindo, essencialmente, o teste razão de verossimilhança, o qual é, geralmente, expresso como a estatística χ^2.

O valor 0,027 associado a CMIN representa a probabilidade de se obter um valor χ^2 que exceda aquele para o qual H_0 é verdadeira. Portanto, quanto mais elevada for a probabilidade associada a CMIN, maior a excelência do ajustamento entre o modelo hipotético e o ajustamento p

O teste de H_0 gera um valor CMIN de 61,299, com 42 graus de liberdade, e uma probabilidade de 0,027 (p< 0,05), sugerindo que o ajustamento dos dados ao modelo não é adequado.

Entretanto, a sensibilidade do teste da razão de verossimilhança ao tamanho da amostra recomenda que se tenha cautela quanto à rejeição do modelo.

A estatística de ajustamento CMIN/graus de liberdade de 1,46 está situada no intervalo de aceitação do modelo, ou seja, aquém de 3 (ARBUCLE e WOTHKE, 1999).

Tabela 4: *Índices de bondade de ajustamento para o modelo hipotético*

```
Summary of models
-----------------


           Model   NPAR      CMIN    DF         P    CMIN/DF
    -------------   ----  --------    --  --------  ---------
    Default model    24    61,299    42     0,027      1,460
  Saturated model    66     0,000     0
Independence model   11  1847,098    55     0,000     33,584
```

No bloco seguinte são informados os índices de ajustamento absoluto (GFI e

AGFI) que indicam um ajustamento adequado do modelo hipotético (Tabela 5).[9]

Tabela 5: *Índices de bondade de ajustamento para o modelo hipotético*

```
Summary of models
-----------------


Model                RMR          GFI         AGFI         PGFI
-----          ----------    ----------   ----------    ----------
 Default model      0,112        0,949        0,920        0,604
 Saturated model    0,000        1,000
Independence model  0,665        0,343        0,212        0,286
```

Muito embora o valor mínimo de 0,90 fosse considerado durante longo tempo o valor mínimo para os índices de ajustamento comparativo (relativo ou incremental) representativos de modelos de bom ajustamento, Byrne (2001) menciona a revisão do aludido piso para 0,95. Independentemente do critério adotado, todos os índices de ajustamento comparativo do modelo hipotético (NFI, RFI, IFI, TLI, e CFI) superaram o mínimo exigido (Tabela 6).

Tabela 6: *Índices de bondade de ajustamento para o modelo hipotético*

```
Summary of models
-----------------

                    DELTA1       RHO1       DELTA2        RHO2
       Model         NFI         RFI          IFI          TLI         CFI
                ----------   ---------   ----------   ----------   ----------
    Default model      0,967       0,957        0,989        0,986        0,989
    Saturated model    1,000                    1,000                     1,000
 Independence model    0,000       0,000        0,000        0,000        0,000
 Independence model    0,000       0,000        0,000        0,000        0,000
```

---

9 O índice de ajustamento parcimonioso (**PGFI**) consiste na modificação do GFI, levando em consideração os graus de liberdade associados ao modelo. A magnitude do PGFI é, consequentemente, inferior à do GFI, o qual é, no cômputo do PGFI, reduzido à medida que aumenta o número de parâmetros que serão estimados. Considerando os índices GFI (0,949) e AGFI (0,920), calculados para o modelo hipotético o PGFI (0,604) associado é inteiramente consistente.
A raiz da média dos resíduos quadráticos (RMR) representa o valor residual médio derivado da diferença entre as variâncias e covariâncias dos dados da amostra e aquelas obtidas com o modelo hipotético. O valor da RMR é, em si mesmo, de difícil interpretação. Todavia, pode-se afirmar que quanto menor a RMR, melhor é o ajustamento. Excetuando o modelo saturado, o modelo hipotético apresenta maior excelência de ajustamento (RMR = 0,112).

O conjunto seguinte de índices (PRATIO, PNFI e PCFI) está associado à parcimônia. Os valores do PNFI e PCFI estão acima do patamar mínimo de aceitação de 0,60 (Tabela 7).[10]

Tabela 7: *Índices de bondade de ajustamento para o modelo hipotético*

```
Summary of models
-----------------


            Model      PRATIO       PNFI       PCFI
-----------------    ---------  ---------  ---------

    Default model        0,764      0,738      0,755
  Saturated model        0,000      0,000      0,000
Independence model       1,000      0,000      0,000
```

A RMSEA é a próxima estatística que será avaliada, cabendo destacar que é considerado o critério mais informativo da modelagem de estrutura de covariância (BYRNE, 2001) (Tabela 8).[11]

Em nosso estudo, o valor da RMSEA (0,048) é indicativo de ajustamento de excelência. Além da estimativa pontual da RMSEA, o programa efetua o cálculo de um intervalo, com confiança de 90%, possibilitando, assim, uma melhor avaliação do modelo.

O programa (AMOS 4.0) testa também a exatidão do ajustamento. Mais especificamente, testa a hipótese de que a RMSEA da população é inferior a 0,05. O valor p para esse teste (PCLOSE) deve ser superior a 0,50.

Os valores do modelo hipotético mostram que o intervalo de confiança para a RMSEA varia de 0,017 a 0,073, e que o valor p (PCLOSE) para o teste de exatidão do ajustamento iguala 0,527[12]. Essas informações permitem que se conclua que o modelo apresenta bom ajustamento aos dados.

---

10 Na visão de Byrne (2001), o PCFI é a melhor medida do conjunto de índices de parcimônia.
11 A RMSEA ocupa lugar de destaque entre os índices relacionados à função discrepância da população.
12 O intervalo de confiança pode ser influenciado não somente pelo tamanho da amostra, mas também pela complexidade do modelo. Se o número de parâmetros a serem estimados for grande e o tamanho da amostra for pequeno, a amplitude do intervalo será, consequentemente, grande.

Tabela 8: *Índices de bondade de ajustamento para o modelo hipotético*

Summary of models				
Model	RMSEA	LO 90	HI 90	PCLOSE
Default model	0,048	0,017	0,073	0,527
Independence model	0,404	0,388	0,420	0,000

Os índices do conjunto seguinte (AIC, BCC, BIC e CAIC) penalizam a complexidade do modelo (Tabela 9).

Tabela 9: *Índices de bondade de ajustamento 4.0 para o modelo hipotético: informações sobre*

Summary of models				
Model	AIC	BCC	BIC	CAIC
Default model	109,299	112,363	246,128	212,578
Saturated model	132,000	140,426	508,279	416,018
Independence model	1869,098	1870,503	1931,812	1916,435

Para todos os índices, os valores do modelo hipotético são menores do que os do modelo saturado e os do modelo independente, o que significa afirmar que o modelo hipotético apresenta o melhor ajustamento.

O modelo hipotético exibe valores menores para ECVI e o MECVI do que os calculados para o modelo saturado e o independente, conforme atestam as informações da Tabela 10.

Analogamente ao que afirmamos quando examinamos o AIC, BCC, BIC e CAIC, o modelo de melhor ajustamento é aquele que apresenta os menores valores. Logo, pelos índices ECVI e MECVI, o modelo hipotético é o melhor[13].

---

[13] Embora o valor do limite máximo do intervalo de confiança do ECVI para o modelo saturado seja inferior a do modelo hipotético, isso não invalida as conclusões gerais quanto ao ajustamento do modelo hipotético pelos índices em tela.

Tabela 10: *Índices de bondade de ajustamento para o modelo hipotético*

```
Summary of models
-----------------

              Model       ECVI       LO 90      HI 90      MECVI
          ----------   ---------   --------   ---------   --------
       Default model     0,546      0,462      0,671       0,562
     Saturated model     0,660      0,660      0,660       0,702
   Independence model    9,345      8,662     10,066       9,353
```

O último índice de ajustamento é o N crítico (CN), de Holter, que indica o maior tamanho de amostra para o qual o modelo hipotético será aceito ou considerado sólido, tomando como base o teste χ^2 e os dados coletados da amostra.

O modelo hipotético será aceito para uma amostra de 190 observações, ao nível de significância de 0,05, sendo rejeitada para tamanhos maiores de observações. Se considerarmos um nível de significância de 0,01, ele será aceito para uma amostra de até 217 observações.

Tabela 11: *Resultados do AMOS 4.0 para o modelo hipotético: informações sobre índices de bondade de ajustamento*

```
Summary of models
-----------------
                          HOELTER    HOELTER
               Model        .05        .01
       ----------------   --------   --------
         Default model      190        217
    Independence model       8          9
```

Considerações Finais

Como observaram Schumaker e Lomax (1996, p. 135), "não há um único índice que sirva como critério definitivo para testar um modelo estrutural hipotético. Um índice de ajustamento ideal não existe".

Sendo assim, os autores recomendam que se empregue um conjunto selecionado de índices de bondade de ajustamento, embora inexista consenso entre todos (BLUNCH, 2008; Kline, 2005).

Sugerimos se considere o χ^2/graus de liberdade (CMIN/DF), com informação do valor p associado; o CFI; o RMSEA, com intervalo de confiança, e o PCLOSE; e o MECVI, no caso de estimação por máxima verossimilhança.

Para o nosso modelo hipotético, seria construída a tabela 12.

Tabela 12: *Índices selecionados com a bondade de ajustamento*

Modelo	CMIN/DF	p	CFI	RMSEA	LO90	HI90	PCLOSE	MECVI
Hipotético	1,460	0,027	0,989	0,048	0,017	0,073	0,527	0,562
Saturado			1,000					0,702
Independente	33,584	0,000	0,000	0,404	0,388	0,420	0,000	9,353

Considerando os índices selecionados, o modelo hipotético exibe solidez, muito embora não possa ser considerado verdadeiro, nem o melhor.

Ademais, só faz sentido avaliar o modelo hipotético sob a perspectiva dos índices gerais de ajustamento, quando as estimativas de seus parâmetros apresentarem significância estatística e consistência teórica.

Exercícios

1) Explique as diferenças existentes entre o modelo de mensuração e o modelo estrutural.

2) Em modelagem de equações estruturais, quais são as exigências numéricas normalmente empregadas como regra prática para os distintos grupos de índices de bondade de ajustamento.

3) Examine a veracidade das afirmativas abaixo, indicando se são verdadeiras ou falsas, apresentando argumentos que fundamentem a sua resposta.

a) Todo modelo de equações estruturais que apresenta um ajustamento global de excelência também exibe estimativas dos parâmetros com significância estatística.

b) A presença de erro padronizado excessivamente reduzido indica excelência de ajustamento do modelo.

c) A estimativa do parâmetro é estatisticamente diferente de zero, quando a razão crítica é superior a ± 1,96.

d) Em modelagem de equações estruturais, o processo de estimação busca a geração de valores para os parâmetros que possam minimizar a discrepância entre a matriz de covariância da amostra e a matriz de covariância da população inferida com base no modelo hipotético.

Referências

ARBUCKLE, J.L.; WOTHKE, W. *AMOS 4.0 user's guide*. Chicago: SmallWaters, 1999.

BENTLER, P.M.; CHOU, C.P. Practical issues in structural modeling. *Sociological Methods and Research*, v. 16, p.78-117, 1987.

BLUNCH, N.J. *Introduction to structural equation modeling*: using SPSS and AMOS, Thousand Oaks: Sage, 2008.

BYRNE, B.M. *Structural equation modeling with AMOS*: basic concepts, applications, and programming. NJ: Lawrence Erlbaum, 2001.

JÖRESKOG, K.G. A general method for estimating a linear structural equation system. In: A.S. GOLDEBERGER; O.D. DUNCAN (ed.). *Structural equation models in the social sciences*, N.Y.: Seminar Press, 1973.

KLINE, R.B. *Principles and practice of structural equation modeling.* 2ª edition, NY: Guilford Press, 2005.

MARUYAMA, G.M. *Basics of structural equation modeling*. Thousand Oaks: Sage, 1998.

SCHUMACKER, R.E.; LOMAX, R.G. *A beginner's guide to structural equation modeling*. NJ: Lawrence Erlbaum, 1996.

SPEARMAN, C. General intelligence, objectively determined and measured. *American Journal of Psychology*, n. 15, p. 201-93, 1904.

VIEIRA, P.R.C.V.; FREITAS, J.A.S.B.; SILVA, A.C.M. *Simulação e otimização de resultados em 'survey'*: o caso da imagem institucional do Banco Central. Perspectiva Econômica, v.4, p.1-24, 2008.

VIEIRA, P.R.C.V.; FREITAS, J.A.S.B. Transparência e imagem institucional: o caso do Banco Central do Brasil. *Revista Eletrônica Gestão e Sociedade*, v.1, p.1-21, 2007.

WRIGHT, S. On the nature of size factors. Genetics, n.3, p.367-74, 1918.

____. Correlation and causation. *Journal of Agricultural Research*, n. 20, p.557-85, 1921.

Anexo

Anexo 1 - *Arquivo utilizado no Capítulo 6 – Análise Conjunta*

ID	RANK1	RANK2	RANK3	RANK4	RANK5	RANK6	RANK7	RANK8	RANK9	RANK10	RANK11	RANK12
1	1	7	4	3	2	12	8	10	6	11	8	5
2	12	8	9	10	11	1	4	3	7	2	5	6
3	12	4	7	8	10	11	1	5	5	9	2	3
4	12	3	1	2	6	10	7	8	4	11	9	5
5	4	5	3	2	1	12	9	10	6	11	8	7
6	11	2	7	6	9	12	4	8	1	10	5	3
7	2	4	6	7	1	11	8	10	3	12	9	5
8	1	6	3	4	2	12	8	10	5	11	9	7
9	12	6	10	9	11	1	5	3	7	2	4	8
10	12	7	9	10	11	8	2	1	5	4	3	6

Anexo 2 - Arquivo utilizado no Capítulo 8 – Correlação Canônica

	SIM-PLES	ECO-NOMI-CO	TURIS-TICO	SUPE-RIOR	LUXO	ENTRE-TENIM	SER-VICO	SEGUR-ANCA	DE-SIGN	RECO-MEND	FAMIL-IARID	DESJE-JUM
1	4	5	3	2	2	1	2	2	2	2	2	2
2	5	4	4	3	2	2	2	1	1	1	2	2
3	5	5	4	2	3	2	2	1	2	2	2	2
4	5	4	3	4	2	1	2	1	1	1	2	2
5	5	5	5	3	1	1	1	2	2	1	2	2
6	4	4	3	3	1	2	2	2	1	1	2	2
7	4	4	4	4	2	1	2	2	2	2	3	2
8	5	5	3	4	2	2	2	2	1	1	1	2
9	4	4	4	3	2	2	2	2	2	1	2	2
10	4	5	4	4	2	2	2	2	1	1	2	3
11	4	4	3	2	3	1	2	1	2	1	2	2
12	5	4	4	2	2	2	2	2	2	1	2	2
13	5	4	3	2	3	1	2	1	1	1	2	2
14	5	4	4	3	3	2	3	2	1	2	2	2
15	4	4	4	3	3	2	3	1	2	2	2	2
16	5	4	3	2	2	2	2	1	1	1	3	1
17	4	5	4	3	2	1	3	1	1	1	2	2
18	5	4	3	3	3	2	2	2	2	2	2	2
19	5	4	3	3	2	2	3	1	2	2	1	2

Anexo • 245

	V1	V2	V3	V4	V5	V6	V7	V8	V9	V10	V11	V12
20	2	3	2	2	1	2	1	3	3	3	4	5
21	2	1	2	2	2	2	2	3	3	3	4	4
22	2	2	1	2	2	2	1	3	2	3	5	5
23	1	2	1	2	1	3	2	2	3	3	4	4
24	2	2	2	2	1	2	2	3	4	4	4	5
25	2	2	1	2	1	2	1	2	3	3	4	5
26	1	2	2	2	2	2	1	2	2	3	5	5
27	2	2	2	1	2	2	1	3	4	4	4	4
28	2	2	2	2	2	2	2	3	3	3	4	5
29	2	3	2	1	1	2	2	3	2	4	4	4
30	2	2	2	2	2	2	1	3	3	3	4	4
31	2	3	1	1	1	2	1	2	4	3	4	5
32	2	2	1	2	1	2	2	2	3	3	4	5
33	2	2	1	2	1	2	1	2	2	3	4	5
34	2	2	1	2	2	2	2	3	3	3	4	5
35	2	3	1	2	2	2	1	3	2	3	3	4
36	2	2	1	1	2	2	2	3	2	3	5	4
37	2	1	2	2	1	3	1	2	2	4	4	4
38	2	2	1	2	1	2	2	4	2	4	2	5
39	2	2	2	2	2	2	1	2	2	2	3	4
40	2	2	1	2	1	2	2	2	3	3	5	5
41	2	2	2	2	2	2	2	3	3	3	4	4
42	2	2	2	2	1	2	1	2	3	3	4	4

43	5	4	4	3	4	1	2	2	2	1	2	2
44	4	3	3	3	4	1	2	2	1	2	2	2
45	4	4	3	2	2	1	2	1	1	2	2	1
46	4	4	4	4	2	1	1	2	2	2	2	2
47	4	4	4	3	2	2	2	2	1	2	2	2
48	5	3	3	2	3	2	2	1	1	2	2	2
49	5	4	4	3	1	1	1	2	2	2	2	2
50	4	4	5	4	2	3	2	2	2	3	3	3
51	4	5	4	3	3	3	3	3	3	3	3	2
52	4	4	5	4	3	2	2	2	2	2	3	2
53	4	5	4	3	3	2	2	3	2	3	3	3
54	5	4	3	3	3	2	3	3	3	3	3	1
55	4	4	3	3	3	2	3	3	2	3	3	2
56	5	4	3	3	4	2	3	2	2	3	2	3
57	4	4	3	3	3	2	3	3	3	3	3	3
58	5	4	4	4	3	3	3	2	2	3	3	3
59	4	4	3	3	2	2	3	2	2	3	3	2
60	5	5	4	4	3	3	3	3	3	2	2	3
61	4	4	3	3	3	2	2	2	2	2	2	3
62	5	4	3	3	4	2	2	2	2	4	3	2
63	4	4	3	3	4	3	3	3	3	3	3	2
64	3	4	3	3	4	2	2	2	2	3	3	3
65	4	4	3	3	3	3	2	2	3	3	3	2

ID	V1	V2	V3	V4	V5	V6	V7	V8	V9	V10	V11	V12
66	3	2	2	3	3	3	3	2	3	3	5	5
67	3	3	2	3	3	3	2	2	3	4	5	4
68	3	3	2	3	2	3	2	3	3	4	4	4
69	2	3	2	3	3	4	2	3	3	4	5	4
70	3	3	3	2	3	3	3	4	3	4	5	4
71	3	3	2	2	2	3	3	3	3	4	5	4
72	3	3	3	2	2	3	2	3	4	4	4	5
73	2	3	3	2	2	3	3	3	3	4	5	4
74	2	3	3	3	2	3	3	2	4	4	4	4
75	3	3	3	2	3	3	2	3	3	4	5	4
76	2	3	3	2	3	2	3	4	3	4	5	4
77	3	3	3	3	3	3	3	2	3	4	5	4
78	3	2	2	3	2	3	3	4	4	4	5	3
79	3	3	3	3	3	4	2	3	3	4	5	4
80	2	3	2	2	2	3	3	3	3	4	4	4
81	3	2	3	2	2	3	2	3	3	4	5	4
82	2	4	3	2	2	4	2	2	3	4	4	4
83	2	2	2	3	2	3	2	3	3	4	5	3
84	2	4	3	3	2	3	2	3	4	4	5	4
85	3	2	2	2	2	3	3	3	3	4	5	3
86	3	3	3	3	2	2	3	3	4	4	4	4
87	2	4	2	2	2	3	3	3	3	4	5	4
88	2	3	3	3	3	3	2	2	3	4	5	4

248 • Análise Multivariada com o uso do SPSS

89	4	5	4	3	3	2	2	2	2	2	3	3
90	5	4	5	4	2	3	3	3	3	2	4	3
91	4	5	4	3	4	3	3	3	2	2	3	2
92	4	4	4	3	2	2	3	3	3	3	3	3
93	4	5	4	3	1	3	3	3	3	3	3	3
94	4	4	4	4	3	3	3	3	2	3	3	2
95	4	5	4	3	4	3	2	2	2	3	3	2
96	4	5	5	3	4	2	3	3	3	2	2	3
97	4	5	4	3	3	2	2	3	2	2	3	3
98	4	5	4	3	2	3	2	3	2	2	3	2
99	3	5	4	3	3	3	4	2	3	3	3	2
100	3	4	4	5	4	4	4	3	3	2	3	5
101	2	5	4	4	4	3	3	3	3	3	2	5
102	3	4	4	4	3	3	3	3	3	2	1	5
103	4	5	4	3	4	4	3	4	4	3	2	4
104	3	4	4	4	3	3	4	3	3	3	2	5
105	3	4	4	4	3	3	3	3	3	4	2	5
106	4	4	4	4	3	3	4	3	3	4	2	4
107	3	4	4	5	4	3	3	2	3	3	3	4
108	3	4	5	4	3	3	4	3	3	3	2	4
109	3	4	4	3	3	3	4	3	3	3	2	4
110	4	4	5	5	4	3	4	3	4	4	2	5
111	4	5	5	4	4	3	3	3	3	3	3	5

Anexo • 249

ID												
112	5	2	2	2	3	4	3	4	3	4	4	4
113	5	2	3	3	3	4	3	4	4	4	4	3
114	4	2	3	3	3	3	3	3	3	5	4	4
115	4	1	3	2	3	3	4	4	4	5	4	4
116	4	1	3	3	3	4	3	3	4	5	4	4
117	5	2	4	3	3	4	3	3	4	5	4	4
118	5	2	3	3	2	3	2	4	4	5	5	3
119	5	2	3	2	3	4	3	3	4	4	4	3
120	5	2	3	3	3	3	3	3	4	5	4	3
121	5	3	3	3	3	4	3	3	4	5	4	3
122	4	2	2	2	3	4	3	4	4	4	4	3
123	5	2	3	3	3	4	3	4	4	5	4	4
124	4	2	3	3	3	3	3	4	4	5	4	3
125	5	2	3	2	3	3	2	3	3	4	4	4
126	5	2	3	3	3	4	3	4	5	5	4	3
127	5	2	3	3	3	3	3	3	4	4	4	4
128	5	2	4	3	3	3	3	3	4	4	4	4
129	5	2	3	2	3	4	4	4	4	4	4	4
130	5	1	3	4	3	3	3	3	5	5	4	3
131	4	2	3	3	4	4	4	3	3	4	4	4
132	5	2	3	3	3	3	3	3	4	5	5	4
133	5	2	3	3	3	3	3	3	4	4	3	3
134	4	3	3	3	3	4	2	3	4	4	4	3

250 • Análise Multivariada com o uso do SPSS

5	5	5	5	5	5	4	4	4	4	4	4	4	4	4	3	4	4	3	4	3	3	3
3	2	2	2	2	3	2	2	2	2	2	2	2	2	3	1	1	1	1	2	2	1	1
3	3	3	2	3	3	4	3	3	3	3	3	3	2	5	4	4	4	4	3	5	4	
3	3	3	2	2	3	3	3	3	3	3	3	3	5	4	5	4	4	5	5	4		
3	4	3	3	3	2	3	3	3	3	3	3	3	3	4	5	4	3	4	4	4	4	
4	3	4	3	4	4	4	3	3	4	3	4	3	4	5	4	4	4	5	4	4	5	
3	3	3	3	3	4	3	3	3	4	3	3	3	2	5	4	4	4	4	4	4	4	
3	4	4	3	3	4	4	3	3	3	3	4	4	4	4	4	4	4	3	4	4	3	
3	4	3	4	4	4	4	3	3	4	4	4	4	4	5	5	4	4	5	4	5		
5	5	5	4	4	5	5	4	5	5	5	4	4	4	4	4	4	4	4	4	4	3	
4	5	4	4	4	4	4	4	4	4	4	4	4	4	4	4	4	3	3	5	4	3	
4	3	3	3	4	3	3	4	4	3	4	4	3	4	3	2	2	3	2	4	2	2	4
135	136	137	138	139	140	141	142	143	144	145	146	147	148	149	150	151	152	153	154	155	156	157

158	3	3	4	4	4	4	4	4	4	4	2	4
159	3	3	4	5	4	4	4	4	5	3	1	4
160	2	4	3	4	5	4	4	4	4	3	1	4
161	3	4	4	4	5	4	4	4	4	4	2	4
162	3	3	4	4	4	5	4	4	5	4	1	3
163	3	4	4	5	4	3	4	4	4	5	1	4
164	3	3	4	5	4	4	4	4	4	4	1	4
165	3	3	4	5	4	4	4	3	4	5	1	3
166	3	3	4	4	4	4	5	4	5	3	2	4
167	5	3	4	4	5	5	4	4	4	4	1	3
168	4	4	4	4	4	3	4	5	4	5	2	4
169	3	3	4	4	5	4	5	4	5	3	1	3
170	3	3	4	4	4	5	4	3	5	4	2	3
171	4	4	4	5	4	4	4	4	5	5	1	3
172	2	3	4	5	4	5	4	5	4	4	2	4
173	3	3	4	4	4	4	4	4	4	5	2	4
174	3	4	4	4	4	5	4	4	5	4	1	4
175	2	3	4	4	5	4	4	5	4	4	2	4
176	3	5	4	5	5	4	5	4	4	4	2	3
177	4	3	4	5	4	4	4	4	4	4	2	3
178	4	3	4	5	5	4	5	4	4	4	1	3
179	4	3	4	5	4	4	4	4	4	4	1	4
180	2	4	4	5	4	5	4	4	4	4	1	3

181	4	4	5	4	5	4	3	5	5	4	2	3
182	3	4	5	4	4	5	4	4	4	4	2	3
183	3	3	4	5	5	5	4	4	4	5	1	3
184	4	4	3	5	5	4	4	5	4	3	2	4
185	2	4	4	5	5	5	4	4	5	4	1	3
186	3	4	4	5	5	4	4	5	4	4	1	4
187	3	4	3	5	4	4	4	5	4	4	1	4
188	3	4	4	5	4	4	4	5	4	4	2	4
189	3	3	5	5	4	3	4	4	5	4	1	4
190	3	4	4	5	4	4	4	5	4	4	2	4
191	4	4	4	5	5	5	4	4	4	4	2	4
192	4	4	4	4	4	3	4	5	5	5	1	3
193	3	3	5	5	5	4	5	4	4	4	2	4
194	3	3	4	5	5	5	5	4	4	4	1	4
195	3	3	4	4	5	5	4	4	5	4	1	4
196	3	3	4	5	5	4	5	5	4	4	2	3
197	2	4	4	5	5	4	4	4	4	5	2	3
198	3	3	5	4	5	5	5	3	4	3	1	3
199	3	3	4	4	5	4	4	4	4	4	2	4
200	2	3	3	4	4	4	5	4	4	4	2	4
201	2	1	4	4	3	5	4	5	4	4	1	3
202	2	3	3	4	4	4	5	5	5	4	1	4
203	3	2	3	4	4	4	5	5	4	4	1	3

Anexo • 253

ID	C1	C2	C3	C4	C5	C6	C7	C8	C9	C10	C11	C12
204	4	1	5	3	5	5	4	5	5	4	3	3
205	2	2	5	4	4	4	4	4	4	4	3	2
206	3	2	4	3	5	4	5	5	4	3	3	2
207	4	2	4	4	4	4	5	5	4	3	3	2
208	4	2	4	4	5	4	5	5	4	4	3	3
209	3	2	5	3	4	4	4	4	3	3	3	2
210	4	1	5	4	5	4	4	5	4	3	4	1
211	4	2	4	4	4	4	4	5	5	3	3	1
212	4	2	5	4	5	3	5	4	4	3	2	3
213	3	2	4	4	5	4	5	5	4	4	4	2
214	4	2	4	4	4	4	5	5	5	3	3	3
215	3	2	5	4	5	4	5	4	4	4	2	3
216	4	1	4	4	5	4	5	3	4	4	4	3
217	3	1	4	5	5	4	5	4	4	3	2	2
218	5	2	4	3	5	4	4	4	3	3	3	4
219	3	1	5	4	4	4	5	4	4	3	3	2
220	4	1	4	4	4	5	4	4	4	3	2	2
221	4	2	5	4	4	4	5	4	4	4	4	3
222	4	2	4	4	5	4	4	4	4	3	3	3
223	5	2	5	4	4	4	5	4	4	4	2	3
224	4	2	5	4	4	4	4	4	4	3	2	2
225	4	2	4	4	4	4	5	5	4	4	3	2
226	5	1	4	4	5	4	4	4	4	4	4	2

227	3	4	4	4	5	4	3	5	4	5	1	3
228	3	3	4	4	4	4	4	5	4	5	1	4
229	3	4	3	4	5	5	5	5	4	5	1	3
230	3	4	4	4	5	5	4	4	4	5	1	4
231	3	3	3	4	4	4	4	4	4	4	2	4
232	2	3	3	4	4	4	4	4	4	4	1	3
233	2	3	4	4	4	4	4	4	5	5	2	4
234	3	3	3	3	5	4	3	3	4	4	2	4
235	2	3	3	4	4	5	5	5	4	5	1	4
236	2	3	3	4	4	5	4	4	4	4	2	4
237	3	4	4	4	5	5	4	5	4	5	2	5
238	3	4	4	4	5	5	4	4	4	5	1	4
239	1	3	3	4	5	5	4	4	4	4	2	3
240	2	5	4	4	5	5	4	4	4	5	2	3
241	2	3	3	5	4	5	4	5	4	4	1	4
242	3	3	3	4	4	5	5	4	5	5	2	4
243	3	2	4	4	5	4	4	4	4	5	1	3
244	4	3	4	4	4	5	4	5	5	5	1	4
245	3	4	4	4	4	4	3	5	4	5	1	3
246	3	4	4	4	5	4	4	5	5	5	1	3
247	1	2	4	4	4	4	4	4	4	4	2	5
248	2	4	4	4	4	4	4	5	5	5	2	3
249	3	2	3	4	4	5	5	4	4	4	2	

Bibliografia

ALDRICH, J.H.; NELSON, F.D. *Linear Probability, Logit and Probit Models*. Thousand Oaks: Sage, 1984.

ARBUCKLE, J.L.; WOTHKE, W. *AMOS 4.0 user's guide*. Chicago: SmallWaters, 1999.

BEARDEN, W.O.; HARDESTY, D.M.; ROSE, R.L. Consumer self-confidence: refinements in conceptualization and measurement. *The Journal of Consumer Research*, v.28, n.1, p.121-134, 2001.

BENNETT, J.F.; HAYS, W.L. Multidimensional Unfolding: determining the dimensionality of ranked preferred data. *Psychometrika*, v.25, n.1, p.27-43, 1960.

BENTLER, P.M.; CHOU, C.P. Practical issues in structural modeling. *Sociological Methods and Research*, v. 16, p.78-117, 1987.

BORG, I.; GROENEN, P.J.F. *Modern Multidimensional Scaling*: theory and applications. Heidelberg: Springer, 1997.

BOROOAH, V.K. *Logit and Probit*: ordered and multinomial models. Thousand Oaks: Sage, 2002.

BLUNCH, N.J. *Introduction to structural equation modeling*: using SPSS and AMOS, Thousand Oaks: Sage, 2008.

BROWN, T.A. *Confirmatory factor analysis for applied research*. New York: Guilford, 2006.

BUSING, F.M.T.A.; GROENEN, P.J.K.; HEISER, W.J. Avoiding Degeneracy in Multidimensional Unfolding by Penalizing on the Coefficient of Variation. *Psychometrika*, v.70, n.1, p.71–98, 2005.

BYRNE, B.M. *Structural equation modeling with AMOS*: basic concepts, applications, and programming. NJ: Lawrence Erlbaum, 2001.

CAMP, B.H. The normal hypothesis. *Journal of The American Statistical Association*, v.26, n.173, p.222-226, 1931.

CARROLL, J.D.; GREEN, P.E. Psychometric Methods in Marketing Research: part I, conjoint analysis. *Journal of Marketing Research*, v.XXXII, p.385-391, 1995.

CARROLL, J.; CHANG, J.J. Analysis of Individual Differences in Multidimensional Scaling via an n-Way Generalization of "Eckart-Young". *Decomposition*, v.35, n.3, p.283-319, 1970.

CLOGG, C.C.; SHIHADEH, E.S. *Statistical Models for Ordinal Data*. Thousand Oaks: Sage, 1994.

COOMBS, C.H. Psychological Scaling without a Unit of Measurement. *Psychological Review*, v.57, p.148–158, 1950.

CURETON, E.E.; D´AGOSTINO, R.B. *Factor analysis*: an applied approach. New Jersey: Lawrence, 1983.

DEMARIS, A. *Logit Modeling*: practical applications. Thousand Oaks: Sage, 1992.

FIELD, A. *Discovering statistics using SPSS*. Thousand Oaks: Sage, 2009.

GREEN, P.E.; RAO, V.R. Conjoint Measurement for Quantifying Judgmental Data. *Journal of Marketing Research*, v.VIII, p.355-363, 1971.

GREEN, P.E.; SRINIVASAN, V. Conjoint Analysis in Marketing: new developments with implications for research and practice. *Journal of Marketing*, v.4, p. 3-19, 1990.

GREEN, P.E.; WIND, Y. New Way to Measure Consumers' Judgments. *Harvard Business Review*, v.53, p.107-117, 1975.

GROENEN, P.J.F.; van de VELDEN, M. *Multidimensional Scaling*. Econometric Institute Report EI 2004-15, Rotterdam: Erasmus University, 2004.

HAIR, J.F. et al. *Análise multivariada de dados*. 5.ed. Porto Alegre: Bookman, 2005.

HANCOCK, G.R.; MUELLER, R.O. (Ed.). *Structural equation modeling*: a second course. Greenwich: Information Age Publishing, 2006.

HARDLE, W.; SIMAR, L. *Applied multivariate statistical analysis*. New York: Springer, 2007.

HO, R. *Handbook of univariate and multivariate data analysis and interpretation with SPSS*. Boca Raton: Chapman, 2006.

HOSMER, D.W; LEMESHOW, S. *Applied Logistic Regression*. New York: Wiley, 2000.

HOTELLING, H. Analysis of a complex of statistical variables into principal components. *Journal of Educational Psychology*, v.24, p.417-441, 1933.

HOYLE, R.H. (Ed.). *Structural equation modeling*: concepts, issues, and applications. Thousand Oaks: Sage, 1995.

JÖRESKOG, K.G. A general method for estimating a linear structural equation system. In: A.S. GOLDEBERGER; O.D. DUNCAN (Ed.). *Structural equation models in the social sciences*. New York: Seminar Press, 1973.

KACHIGAN, S.K. *Multivariate statistical analysis:* a conceptual introduction. New York: Radius, 1991.

KLEINBAUM, D.G; KLEIN, M. *Logistic Regression*: a self-learning text. New York: Springer, 2002.

KLINE, P. *An easy guide to factor analysis*. New York: Routledge, 1994.

KLINE, R.B. *Principles and practice of structural equation modeling*. 2ª ed. New York: Guilford, 2005.

KOZIOL, J.A.; HACKE, W. Multivariate data reduction by principal components, with application to neurological scoring instruments. *Journal of Neurology*, v.237, p.461 – 464, 1990.

KRANTZ, H.; TVERSKY, A. Conjoint Measurement Analysis of Compositions Rules in Psychology. *Psychological Review*, v.78, p.151-169, 1971.

KRISHNAKUMAR, J.; NAGAR, A.L. On exact statistical properties of multidimensional indices based on principal components, factor analysis, MIMIC and structural equation models. *Springer Science*, v.86, p.481-496, 2008.

KRUSKAL, J. B. Multidimensional Scaling by Optimizing Goodness of Fit to a Nonmetric Hypothesis. *Psychometrika*, v.29, n.1, p.1-27, 1964a.

_____. Nonmetric Multidimensional Scaling: a numerical method. *Psychometrika*, v.29, n.2, p.115-129, 1964b.

KRUSKAL, J. B.; WISH, M. *Multidimensional Scaling*. Series: Quantitative Applications in the Social Sciences. Newbury Park: Sage University Paper, 1978.

LILLIEFORS, H.W. On the Kolmogorov-Sminorv test for normality with mean and variance unknown. *Journal of the American Statistical Association*, v.62, n.318, p.399-402, 1967.

LOUVIERE, J.J.; WOODWORTH, G. Design and Analysis of Simulated Consumer Choice of Allocation Experiments: an approach based on aggregate data. *Journal of Marketing Research*, v.20, p.350-367, 1983.

LUCE, R.D.; TUKEY, J.W. Simultaneous Conjoint Measurement: a new type of fundamental measurements. *Journal of Mathematical Psychology*, v.1, p.1-27, 1964.

MANLY, B.F.J. *Multivariate Statistical Methods*: a primer. 3ª ed. Boca Raton: Chapman & Hall/CRC, 2005.

MARCONDES, D. *Iniciação à história da filosofia*: dos pré-socráticos a Wittgenstein. Rio de Janeiro: Jorge Zahar, 1998.

MARUYAMA, G.M. *Basics of structural equation modeling*. Thousand Oaks: Sage, 1998.

McCULLAGH, P. Regression Models for Ordinal Data. *Journal of the Royal Statistical Society: Series B*, v.42, n.2, p.109-142, 1980.

MULAIK, S.A. *Linear causal modeling with structural equations*. Boca Raton: Chapman & Hall/CRC, 2009.

PAMPEL, F.C. *Logistic Regression*: a primer. Thousand Oaks: Sage, 2000.

RAYKOV, T; MARCOULIDES, G.A. *An introduction to applied multivariate analysis*. New York: Routledge, 2008.

SHEPARD, R. The Analysis of Proximities: multidimensional scaling with an unknown distance function I. *Psychometrika*, v.27, n.2, p.125-140, 1962a.

_____. The Analysis of Proximities: multidimensional scaling with an unknown distance function II. *Psychometrika*, v.27, n.3, p.219-246, 1962b.

_____. Metric structures in ordinal data. *Journal of Mathematical Psychology*, v.3, p.287–315, 1966.

SCHUMACKER, R.E.; LOMAX, R.G. *A beginner's guide to structural equation modeling*. NJ: Lawrence Erlbaum, 1996.

SIMON, C.P.; BLUME, L. *Mathematics for Economists*. 1ª ed. Nova York: W.W. Norton and Company, 1994.

SPEARMAN, C. General intelligence, objectively determined and measured. *American Journal of Psychology*, n. 15, p. 201-93, 1904.

SPICER, J. *Making sense of multivariate data analysis*. Thousand Oaks: Sage, 2005.

TAKANE, Y.; YOUNG, F.W.; de LEEUW, J. Nonmetric Individual Differences Multidimensional Scaling: an alternating least squares method with optimal scaling features. *Psychometrika*, v.42, n.1, p.7-67, 1977.

TORGERSON, W.S. (1952), Multidimensional Scaling: I. theory and method. *Psychometrika*, v.17, n.4, p.401-419, 1952.

VERMUNT, J.K. *Log-Linear Models for Event Histories*. Thousand Oaks: Sage, 1997.

VIEIRA, P.R.C.V.; FREITAS, J.A.S.B.; SILVA, A.C.M. Simulação e otimização de resultados em 'survey': o caso da imagem institucional do Banco Central. *Perspectiva Econômica*, v.4, p.1-24, 2008.

VIEIRA, P.R.C.V.; FREITAS, J.A.S.B. Transparência e imagem institucional: o caso do Banco Central do Brasil. *Revista Eletrônica Gestão e Sociedade*, v.1, p.1-21, 2007.

WICKENS, T.D. *The geometry of multivariate statistics*. Hillsdale: Lawrence Erlbaum, 1994.

WRIGHT, S. On the nature of size factors. *Genetics*, n.3, p.367-74, 1918.

____. Correlation and causation. *Journal of Agricultural Research*, n. 20, p.557-85, 1921.

YOUNG, G.; HOUSEHOLDER, A. A Note on Multidimensional Psychophysical Analysis. *Psychometrika*, v.6, n.5, p.331-333, 1941.

Índice

A

ALSCAL, 159

AINDS, 159

Ajustamento global do modelo, 218

Amostra de dados, 6

Amplitude, 111

Análise conjunta, 99

Análise de caminho, 215, 217

Análise de componentes principais, 23, 47, 55

Análise de estruturas de covariância, 215

Análise fatorial, 29

Análise fatorial exploratória, 29

Análise de regressão, 25

Análise de regressão logística, 47

Análise de variância (ANOVA), 21, 47, 65, 69

Análise de variância multivariada (MANOVA), 21, 81

Análise multivariada de covariância (MANCOVA), 82

Autovalor, 23, 41, 56, 57, 138

Autovetor, 57, 138

Assimetria, 17

B

Balanceamento, 101

C

Carga fatorial, 30

Cargas canônicas, 145

Casos atípicos, 3

Centróide, 6

Chance (odds), 196

CMDS, 159

CMIN/DF, 220

Coeficiente de correlação de Pearson, 24, 109

Coeficiente de determinação, 22

Coeficiente de regressão linear, 30

Coeficiente de regressão logística, 197, 206

Coeficientes canônicos, 143

Colinearidade, 22

Combinação linear, 23, 31, 40

Comparação ao pares, 132

Comparações post hoc, 77, 92

Comunalidade, 31, 32, 41, 55

Construtos, 4

Construtos não observados, 29

Coordenadas, 6

Correlação, 29, 30, 65

Correlação canônica, 137

Covariância, 29, 30, 65

Covariate, 82, 195, 200-201

Critério Browne-Cudeck (BCC), 224

Critério de informação Akaike (AIC), 224

Critério de informação Akaike consistente (CAIC), 225

Critério de informação Bayes (BIC), 225

Curtose, 17

Curva normal, 16

D

Dados atípicos (outliers), 3

Dados independentes, 14

Dado intervalar, 14

Dado não paramétrico, 13

Dados métricos, 14

Dados perdidos (missing data), 3, 11

Delineamento fatorial completo, 101

Delineamento fatorial fracionário, 118, 129

Dependência linear, 40

Desdobramento multidimensional, 171

Desvio padrão, 13, 54, 65

Desvios quadráticos, 66, 68

Determinante, 82

Diagonal principal da matriz de correlações, 36

Diagrama de dispersão dos resíduos, 21, 170

Diagrama de retângulos e flechas, 215

Diagrama de Shepard, 170

Dimensionalidade, 47, 170

Dimensões independentes, 47

Discrepância mínima/graus de liberdade, 220

Dissimilaridades, 156

Distância, 115

Distância de Mahalanobis, 6, 8

Distribuição de frequência, 14

Distribuição normal, 14, 17

E

Eficiência, 101

Elementos não redundantes, 219

Equamax, 37

Equilíbrio, 130

Erro de distúrbio, 216

Erro de mensuração, 70, 137, 216

Erro padronizado, 22

Erro randômico, 58

Escala intervalar, 14

Escala Likert, 11, 17, 36, 115

Escalonamento multidimensional, 155

Escolha qualitativa, 115

Escore eficiente de Rao, 206

Escore padronizado, 4, 17, 29

Especificação, 107, 117, 138

Estatística F, 68, 142

Estatística multivariada, 21

Estatística de Pearson, 122

Estatística R2 de Cox e Snell, 123, 200

Estatística R2 de McFadden, 123

Estatística R2 de Nagelkerke, 123, 200

Estatística qui-quadrado, 199

Estatística z, 226

Estatística Wald, 124, 200

Estimação de máxima verossimilhança, 196, 199

Estímulos, 101, 167, 187

Eta quadrático, 83, 90

Exclusão listwise (listwise deletion), 11

Exclusão pairwise (pairwise deletion), 11

Expectativas, 108

Experimento de verificação, 106

F

Fator conjugado, 131

Fatores, 117

Fatores comuns, 29-31

Fatores comuns ortogonais, 31

Fatores ortogonais, 37

Fatores únicos, 30

Função logaritmo de verossimilhança (LL), 199

G

Grau de dispersão, 30

Graus de liberdade, 66, 68

H

Heteroscedasticidade, 21

Histograma, 14

Holdout, 104

Homogeneidade das matrizes de variância-covariância, 81, 88

Homocedasticidade, 21

I

Importância relativa, 111-128

Indicadores, 4

Indicadores refletivos, 215

Informações inexistentes, 3

Imputação por regressão, 11

Índices de bondade de ajustamento, 221

Índices absolutos, 221

Índices comparativos, 221

Índices baseados em parcimônia, 221

Índice de bondade do ajustamento (GFI), 221

Índice de bondade do ajustamento adaptado (AGFI), 221

Índice de ajustamento comparativo (CFI), 222

Índice de ajustamento comparativo de Bentler, 222

Índice de ajustamento incremental (IFI), 222

Índice de ajustamento normalizado (NFI), 223

Índice de ajustamento normalizado Bentler-Bonett, 223

Índice de Tucker-Lewis (TLI), 223

Índice de ajustamento normalizado de parcimônia (PNFI), 223

Índice de ajustamento comparativo de parcimônia (PCFI), 223

Índice de validação cruzada esperada (ECVI), 225

Índice máxima verossimilhança de validação cruzada esperada (MECVI), 225

Independência de amostras, 70

Intermix de DeSarbo, 183

K

Kaiser-Meyer-Olkin (KMO), 40

L

Lambda de Wilks, 83, 90, 142

Linearidade, 21

Logaritmo natural da chance, 196

Logit, 115, 196

M

MANOVA, 81

Mapa perceptual, 155, 163, 165, 169, 185

Matriz de componentes com rotação, 49

Matriz de correlação, 36, 55-57

Matriz de covariância, 36

Matriz de covariância observada, 219

Matriz de covariância reproduzida, 219

Matriz de fator, 42

Matriz identidade, 40, 48

Matriz inversa, 40

Matriz quadrada, 40

Matriz residual, 58

Matriz sem rotação, 49

Matriz singular, 23, 40

McFadden, 123

MDS, 155

MDS composicional, 157

MDS decomposicional, 157

Média, 6, 30, 65

Medida de adequação da amostra (MSA), 40, 55

Medida Kaiser-Meyer-Olkin, 40

Medidas de tendência central, 17

Medidas de formato, 17

Medidas de variabilidade, 17

Método de diferença honestamente significativa (HSD) de Tukey, 75, 92

Método forward LR, 202

Método stepwise, 202

Modelagem de equações estruturais (MEE), 215

Modelo linear geral (GLM), 81

Modelos completos de regressão estrutural, 215

Modelos de escolha qualitativa, 115

Modelo estrutural, 215

Modelo hipotético, 218-222

Modelo independente, 222

Modelo de mensuração, 215

Modelo padrão (default), 222

Modelo saturado, 222

Monotonicidade, 157

Multicolinearidade, 22, 56

N

Não degeneração de Shepard, 183

Nexo causal, 65

Nível de significância, 6

Normalidade, 14

Normalidade multivariada, 20, 81, 95, 137, 220

O

Observação atípica, 3

Observação incomum, 3

One-way ANOVA, 69, 70

One-way MANOVA, 81, 84

Operações com matrizes, 40

Ortogonalidade, 101, 130

Outlier multivariado, 3, 6

Outlier univariado, 3, 4, 6

P

Padrão randômico, 21

Parâmetros do modelo, 32

Perfil completo, 132

Pesquisa de survey, 11

Pesos canônicos, 138, 143

Pesos de regressão, 22, 229, 230

Plausibilidade, 130, 131

PLUM, 116

Preferência por tratamento, 126

PREFSCAL, 173

Principal axis factoring, 36

Procedimento de Tukey, 75

Probabilidade, 121, 126, 196

Probabilidades de preferência, 126

PROXSCAL, 188

Proximidades, 171, 175

Pseudo-estimativas de R2, 123, 207

Pseudo R2, 123

Q

Quartimax, 37

Quase ortogonal, 118

R

Raiz do erro quadrático médio de aproximação (RMSEA), 224

Razão crítica (C.R), 226

Razão de chance (odds ratio), 196-198

Razão de parcimônia (PRATIO), 223

Razão de verossimilhança, 122

Redundância, 147

Regressão logística, 195

Regressão múltipla, 22, 57, 137, 195

Relação causal, 215

Relação interativa, 132

Reposição pela média, 11

Rho de Spearman, 183

RMDS, 159

Rotação de fator, 32

RSQ, 157, 166

S

Significância estatística, 68, 142, 205, 220

Solução analítica, 40

Solução de fator, 31

Solução inicial, 32, 37

Solução oblíqua, 37

Stress-1, 155

Stress-2, 182

S-Stress-1, 163, 183

S-Stress-2, 183

Syntax, 139

T

Tamanho do efeito, 83, 90

Tamanho mínimo da amostra, 195, 217

Tau de Kendall, 109

Tau-b de Kendall, 183

Técnica de redução de dados, 47

Tendência central, 30

Termos de erro residuais, 216

Teste de bondade de ajustamento, 202, 223

Teste de esfericidade de Bartlett, 40, 48, 55

Teste de Kolmogorov-Sminorv, 20

Teste de Levene, 21, 69, 75, 89

Teste de razão de verossimilhança, 200

Teste de Tukey, 84, 92

Teste de Wald, 124, 205

Testes de ajustamento global, 225

Teste F, 68, 75, 142

Teste Hosmer-Lemeshow, 200, 208

Teste Multivariado de Box, 87, 88

Teste Shapiro-Wilk, 20

Testes paramétricos, 13

Transformação logit, 196

Tratamento, 69, 99, 101, 117

Trocas, 132

U

Unfolding MDS, 171

Utilidades, 110, 121, 124

V

Valor do logaritmo de verossimilhança, 199

Valor PCLOSE, 224

Valores padronizados, 4, 17

Variabilidade, 30, 65-66

Variação, 65

Variância, 14, 29-30, 65-66

Variância homogênea, 14, 21, 75

Variância residual, 48

Variável dependente, 7

Variável dependente multinomial, 195

Variáveis independentes, 7

Variável latente, 4, 29

Variável latente endógena, 217

Variável latente exógena, 217

Variáveis manifestas, 48, 216

Variáveis não observadas, 30

Variáveis observadas, 6, 11, 30

Variáveis padronizadas, 6, 48

Variáveis randômicas, 29

Varimax, 37, 42, 59

Viabilidade dos parâmetros estimados, 225

W

WMDS, 159

Estatística com BrOffice

Autor: Marcos José Mundim
432 páginas
1ª edição - 2010
Formato: 16 x 23
ISBN: 978-85-7393-903-3

A suíte de escritório BROffice.org vem conquistando um número crescente de usuários, como alternativa livre e gratuita ao caro similar da Microsoft e à pirataria. Totalmente compatível com o MSOffice, a suíte fornece ferramentas que possibilitam a execução de toda a análise estatística básica. Dedicado a profissionais de diferentes áreas, como engenharias, medicina, sociologia, economia, etc., o livro apresenta uma revisão dos conceitos da estatística básica, descritiva e inferencial. Mostra como utilizar as ferramentas estatísticas incluídas no BROffice.org para a solução de problemas, desde o simples cálculo de média e desvio-padrão até a regressão linear múltipla e a análise de variância.

À venda nas melhores livrarias.

Estatística
Uma nova abordagem

Autor: João Urbano
544 páginas
1ª edição - 2010
Formato: 16 x 23
ISBN: 978-85-7393-874-6

Este livro é fruto das anotações passadas aos alunos em sala-de-aula, sempre procurando uma forma mais didática de expor o conteúdo.

Desta tarefa resultou um texto de fácil compreensão, além do grande número de exercício resolvidos e comentados a cada capítulo, dando ênfase ao emprego prático em cada assunto, utilizando processos geométricos ao invés de fórmulas, por vezes incompreensíveis para uns ou abstratas para outros.

À venda nas melhores livrarias.

Impressão e acabamento
Gráfica da Editora Ciência Moderna Ltda.
Tel: (21) 2201-6662